IT 工程师宝典·通信

多制式数字全光分布系统应用与设计

杜明玉　王志勇　蔡　鑫
龚　照　汤利民　邹　勇　著

電子工業出版社
Publishing House of Electronics Industry
北京·BEIJING

内 容 简 介

多制式数字全光分布系统作为一种新型的深度覆盖解决方案，在移动通信网络优化方面将发挥重要作用。本书从产品基本原理、组网方案、方案设计等方面深入介绍多制式数字全光分布系统：首先介绍移动通信的发展以及该系统的引入背景、产业发展和国内外使用情况；其次介绍其产品原理和特点，以及主要特性、参数指标和监控方案；在此基础上重点介绍数字全光分布系统的网络架构，应用方案设计，产品的安装和开通，常见故障的处理以及典型应用案例；最后展望数字全光分布系统的发展趋势。

本书面向移动通信从业人员，如电信运营商、电信设备供应商、电信咨询业相关工程技术人员，以及通信及相关专业的大学生。

图书在版编目（CIP）数据

多制式数字全光分布系统应用与设计 / 杜明玉等著. —北京：电子工业出版社，2016.9
（IT 工程师宝典 · 通信）
ISBN 978-7-121-29921-6

Ⅰ. ①多… Ⅱ. ①杜… Ⅲ. ①数字移动通信－数字通信系统 Ⅳ. ①TN929.53

中国版本图书馆 CIP 数据核字（2016）第 222447 号

责任编辑：张来盛（zhangls@phei.com.cn）
印　　刷：北京天宇星印刷厂
装　　订：北京天宇星印刷厂
出版发行：电子工业出版社
　　　　　北京市海淀区万寿路 173 信箱　邮编　100036
开　　本：787×980　1/16　印张：12　字数：228 千字
版　　次：2016 年 9 月第 1 版
印　　次：2016 年 9 月第 1 次印刷
印　　数：4 000 册　　定价：49.00 元

凡所购买电子工业出版社图书有缺损问题，请向购买书店调换。若书店售缺，请与本社发行部联系，联系电话：（010）88254888 / 88258888。

质量投诉请发邮件至 zlts@phei.com.cn，盗版侵权举报请发邮件至 dbqq@phei.com.cn。

本书咨询联系方式：（010）88254467；zhangls@phei.com.cn。

前　言

21 世纪以来，移动通信网络在中国得到了飞速的发展，从最早的模拟通信系统发展到第四代移动通信系统（4G）只用了短短的十几年，如今第五代移动通信系统（5G）预研也已经在如火如荼地开展中，未来三到四年就会开始商用。

伴随着移动通信网络的升级换代，移动通信的业务也在发生巨大的变化，从最早的电话、短信业务到如今的高速数据业务，如视频电话、微信。不管是早前的电话还是如今的微信，大部分的业务都是在室内进行的，因此室内信号覆盖的好坏至关重要。室内信号的覆盖也是运营商最为头疼的地方，由于无线信号的传输特性，加上如今建筑的特点，常规室外基站的信号穿墙损耗较大，室内信号普遍较差。

21 世纪初，作为基站信号的延伸覆盖，直放站发挥了重要的作用。在 2G 时代，直放站得到了大量应用，随着移动通信的发展，直放站也发生了演进。在 4G 时代，移动运营商同时拥有多张网络，如中国移动同时有 2G（主要承载语音业务）和 4G（主要承载数据业务），中国电信同时有 3G 和 4G，中国联通则同时有 2G、3G 和 4G，这么多信号都要在室内覆盖，一种新型的分布系统——多制式数字全光分布系统就应运而生。多制式数字全光分布系统是一种运用宽带数字化技术，使用光纤承载无线信号传输和分布，同时实现运营商 2G、3G 和 4G 无线信号覆盖的解决方案。

由于其集约化、监控方便和更易实现 LTE MIMO 功能等特点，多制式数字全光分布系统在中国移动和中国联通得到了大量应用，中国电信也开始了技术调研。同时，在响应国家共建共享号召下成立的中国铁塔也在推进多运营商多制式数字全光分布系统的研究，并在多地展开了试点和测试。

本书著者均多年从事无线网络研究的相关工作，有着丰富的移动通信网络技术知识和网络优化经验，部分著者还牵头起草和参与制定了部分行业标准。本书首先介绍移动通信的发展以及数字全光分布系统的引入背景、产业发展和国内外使用情况；其次介绍其产品原理和特点，以及主要特性、参数指标和监控方案；在此基础上重点介绍数字全光分布系统的网络架构，应用和方案设计，产品的安装和开通，常见故障的处理以及相关的典型案例，对工程设计起到一定的实际指导意义；最后对全书进行总结，展望数字全光分布系统的未来发展趋势。

本书由杜明玉、王志勇、蔡鑫、龚照、汤利民和邹勇著。全书由杜明玉、王志勇和蔡鑫策划，杜明玉和龚照负责全书的结构和内容的编排，汤利民和邹勇提出修改意见。

由于本书从策划到编写再到出版的时间比较紧张，书中肯定有不少问题，欢迎广大读者指正。

著　者

2016 年 8 月于武汉

目　　录

第1章 概述

1.1 移动通信技术发展历程

移动通信的发展历史可以追溯到 19 世纪。1864 年麦克斯韦从理论上证明了电磁波的存在；1876 年赫兹用实验证实了电磁波的存在，如图 1-1 所示；1900 年马可尼等人利用电磁波进行远距离无线电通信取得了成功，从此世界进入了无线电通信的新时代。

现代意义上的移动通信开始于 20 世纪 20 年代。1928 年，美国 Purdue 大学学生发明了工作于 2 MHz 的超外差式无线电接收机，并很快在底特律的警察局投入使用，这是世界上第一种可以有效工作的移动通信系统；20 世纪 30 年代初期，第一部调幅制式的双向移动通信系统在美国新泽西的警察局投入使用；30 年代末，第一部调频制式的移动通信系统诞生。试验表明，调频制式的移动通信系统比调幅制式的移动通信系统更加有效。

20 世纪 40 年代，调频制式的移动通信系统逐渐占据主流地位，这个时期主要完成通信实验和电磁波传输的实验工作，在短波波段上实现了小容量专用移动通信系统。这种移动通信系统的工作频率较低，话音质量差，自动化程度低，难以与公众网络互通。在第二次世界大战期间，军事上的需求促使技术快速进步，同时导致移动通信的巨大发展。战后，军事移动通信技术逐渐被应用于民用领域，到 20 世纪 50 年代，美国和欧洲部分国家相继成功研制了公用移动电话系统，在技术上实现了移动电话系统与公众电话网络的互通（如图 1-2 所示），并得到了广泛的使用。遗憾的是，这种公用移动电话系统仍然采用人工接入方式，系统容量小。

图 1-1　赫兹用实验证实了电磁波的存在

图 1-2　移动电话系统与公众电话网络互通的场景

1G 系统（模拟系统）

1978 年，美国贝尔实验室开发了先进移动电话业务（AMPS）系统，这是第一种真正意义上的具有随时随地通信能力的大容量的蜂窝移动通信系统。AMPS 采用频率复用技术，可以保证移动终端在整个服务覆盖区域内自动接入公用电话网，具有更大的容量和更好的语音质量，很好地解决了公用移动通信系统所面临的大容量要求与频谱资源限制的矛盾。20 世纪 70 年代末，美国开始大规模部署 AMPS 系统。AMPS 以优异的网络性能和服务质量获得了广大用户的一致好评。AMPS 在美国的迅速发展，促进了在全球范围内对蜂窝移动通信技术的研究。到 80 年代中期，欧洲和日本也纷纷建立了自己的蜂窝移动通信网络，主要包括英国的 ETACS 系统、北欧的 NMT-450 系统、日本的 NTT/JTACS/NTACS 系统等。这些系统都是模拟制式的频分双工（Frequency Division Duplex，FDD）系统，亦被称为第一代蜂窝移动通信系统或 1G 系统（俗称“大哥大”）。

图 1-3 所示是早期人们使用“大哥大”的场景。

图 1-3　使用“大哥大”的场景

2G 系统（数字系统）

为了解决模拟系统中存在的技术缺陷，数字移动通信技术应运而生并发展起来，这就是以泛欧 GSM/DCS1800、美国 ADC 和日本 PDC 为代表的第二代移动通信（2G）系统。1982 年，欧洲邮电大会（CEPT）成立了一个新的标准化组织——GSM（Group Special Mobile），其目的是制定欧洲 900 MHz 数字 TDMA 蜂窝移动通信系统（GSM 系统）技术规范，从而使欧洲的移动电话用户能在欧洲境内自动漫游。通信网的数字化发展和模拟蜂窝移动通信系统的应用说明，欧洲国家呈现多种制式分割的局面，不能实现更大范围覆盖和跨国联网。1986 年，泛欧 11 个国家为 GSM 提供了 8 个实验系统和大量的技术成果，并就 GSM 的主要技术规范达成共识。1988 年，欧洲电信标准协会（ETSI）成立。1990 年，GSM 第一期规范确定，系统试运行。英国政府发放许可证建立个人通信网（PCN），将 GSM 标准推广应用到 1 800 MHz 频段改成为 DCS1800 数字蜂窝系统，频宽为 2×75 MHz。1991 年，GSM 系统在欧洲开通运行；DCS1800 规范确定，可以工作于微蜂窝，和已有系统重叠或部分重叠覆盖。1992 年，北美 ADC（IS-54）投入使用，日本 PDC 投入使用；FCC 批准了 CDMA（IS-95）系统标准，并继续进行现场实验；GSM 系统被重新命名为全球移动通信系统（Global System for Mobile Communication）。199 年，GSM 系统已覆盖泛欧及澳大利亚等地区，67 个国家已成为 GSM 成员。1994 年，CDMA 系统开始商用。1995 年，DCS1800 开始推广应用。

2G 系统网络架构如图 1-4 所示。

3G 系统

由于网络的发展，数据和多媒体通信的发展势头很猛，所以，第三代移动通信的目标就是移动宽带多媒体通信。第三代移动通信（3G）系统的概念最早于 1985 年由国际电信联盟（International Telecommunication Union，ITU）提出，是首个以“全球标准”为目标的移动通信系统。在 1992 年的世界无线电大会上，为 3G 分配了 2 GHz 附近约 230 MHz 的频带。考虑到该系统的工作频段为

2 000 MHz，最高业务速率为 2 000 kb/s，而且计划在 2000 年左右商用，于是 ITU 在 1996 年正式将它命名为 IMT-2000（International Mobile Telecommunication-2000）。3G 系统最初的目标是在静止环境、中低速移动环境、高速移动环境下分别支持 2 Mb/s、384 kb/s、144 kb/s 的数据传输，其设计目标是提供比 2G 更大的系统容量、更优良的通信质量，并使系统能提供更加丰富多彩的业务。

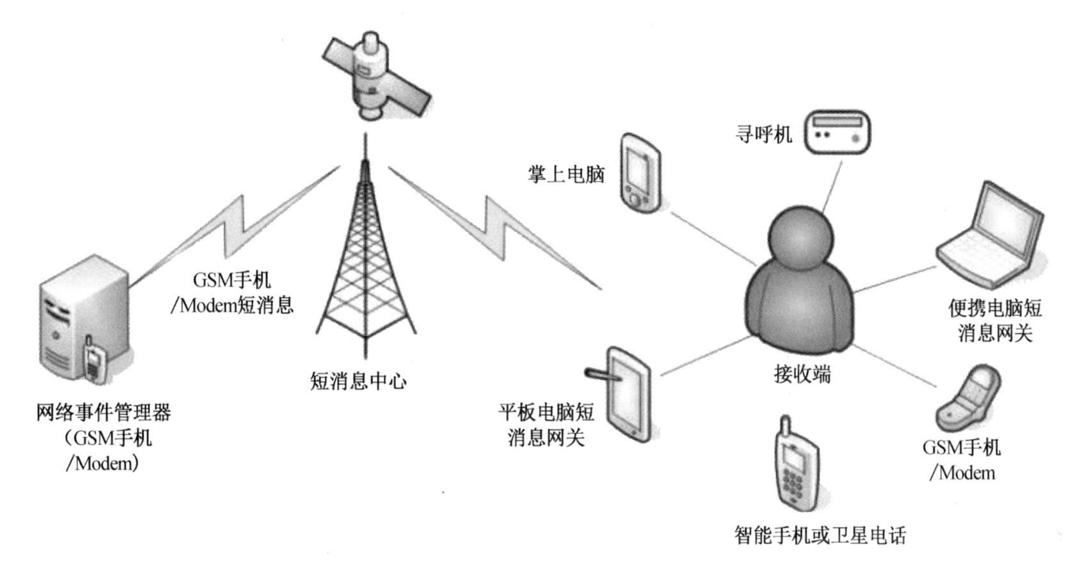

图 1-4 2G 系统网络架构

3G 系统网络架构如图 1-5 所示。

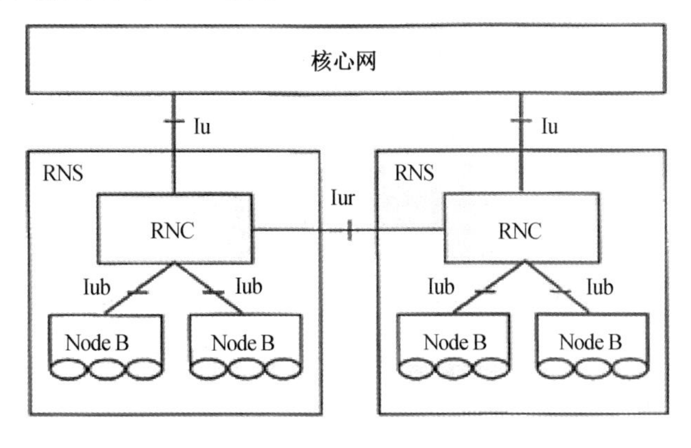

图 1-5 3G 系统网络架构

下面对三种 CDMA 技术做简要说明。

IMT-2000 CDMA DS（IMT-DS）

IMT-2000 CDMA DS 是 3GPP 的 WCDMA 技术与 3GPP2 的 cdma2000 技术的直接扩频（DS）部分融合后的技术，仍称为 WCDMA。此标准将同时支持 GSM MAP 和 ANSI-41 两个核心网络。

IMT-2000 CDMA MC（IMT-MC）

IMT-2000 CDMA MC 即 cdma2000。在融合后，只含多载波方式，即 1X、3X、6X、9X 等。此标准也将同时支持 ANSI-41 和 GSM MAP 两大核心网。

IMT-2000 CDMA TDD（IMT-TD）

IMT-2000 CDMA TDD 目前实际上包括了低码片速率 TD-SCDMA 和高码片速率 UTRA TDD（TD-CDMA）两种技术。目前这两种技术的物理层完全分开，分别采用我国 CWTS 和 3GPP 的两套技术规范，第 2 层和第 3 层基本相同。目前这两种技术已经进行了部分关键内容的融合，包括：

- 码片速率为 3.84 Mcps 和 1.28 Mcps（3.84 Mcps 的 1/3）；
- 第 2 层、第 3 层基本一致，采用 3GPP 的技术规范，定义了部分兼容互可（hooks），以便制定兼容 TD-SCDMA 的相应扩展协议（extension）。

4G（第四代移动通信）

4G 通信技术是继 3G 以后的又一次无线通信技术演进，其开发更加具有明确的目标——提高移动装置无线访问互联网的速度。

据 3G 市场分三个阶段走的发展计划，3G 的多媒体服务在 10 年后进入第三个发展阶段，此时覆盖全球的 3G 网络已经基本建成，全球 25%以上人口使用 3G 系统。在发达国家，3G 服务的普及率更超过 60%，那么这时就需要有更新一代的系统来进一步提升服务质量。

LTE（Long Term Evolution，长期演进）项目是 3G 的演进，它改进并增强了 3G 的空中接入技术，采用 OFDM 和 MIMO 作为其无线网络演进的唯一标准。其主要特点是：在 20 MHz 频谱带宽下能够提供下行 100 Mb/s 与上行 50 Mb/s 的峰值速率，相对于 3G 网络大大提高了小区的容量，同时将网络延迟大大降低（内部单向传输时延低于 5 ms，控制平面从睡眠状态到激活状态迁移时间小于 50 ms，从驻留状态到激活状态的迁移时间小于 100 ms）。这一标准也是 3GPP 长期演进（LTE）项目，是近两年来 3GPP 启动的最大的新技术研发项目，其演进的历史如下：

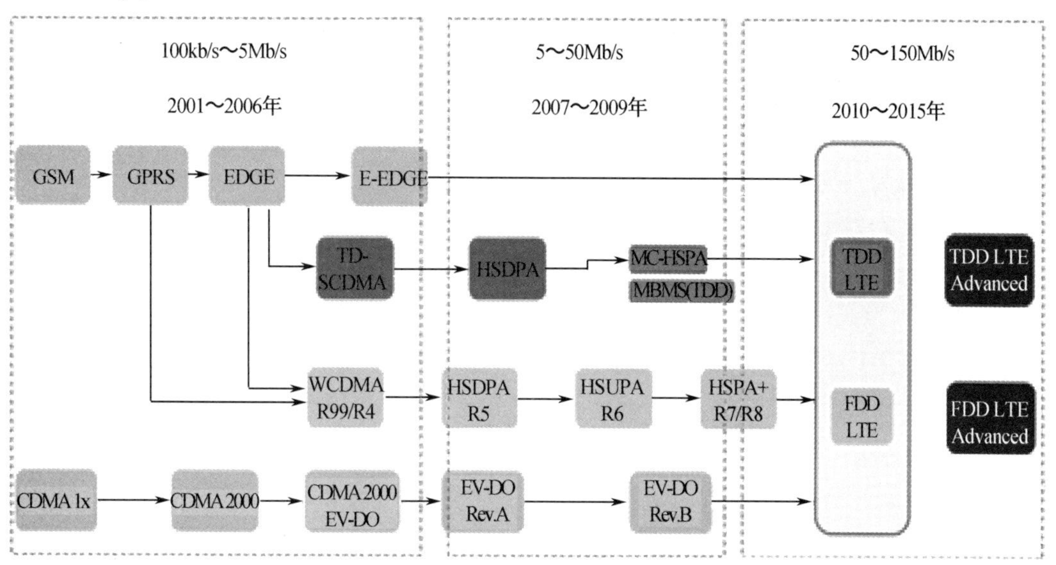

图 1-6　3GPP 长期演进（LTE）历史

3GPP LTE 主要特性指标如下：

- 带宽 1.25～20 MHz，提供上行 50 Mb/s、下行 100 Mb/s 的峰值数据速率；
- 用户平面延迟（单向）小于 5 ms，控制平面延迟小于 100 ms；
- 支持与现有 3GPP 和非 3GPP 系统的互操作；
- 支持增强型广播组播（MBMS）业务；
- 支持增强的 IMS 和核心网；
- 取消 CS 域，CS 域业务在 PS 域实现，如采用 VoIP；
- 以尽可能相似的技术同时支持成对和非成对频段；
- 提升小区边缘比特率。

在 LTE 第 1 层方案征集过程中，有 6 个选项在 3GPP RAN1 工作组中被评估，它们是：

- FDD，上行采用单载波 FDMA（SC-FDMA），下行采用 OFDMA；
- FDD，上行下行都采用 OFDMA；
- FDD，上行下行都采用多载波 WCDMA（MC-WCDMA）；
- TDD，上行下行都采用多载波时分同步 CDMA（MC-TD-SCDMA）；
- TDD，上行下行都采用 OFDMA；
- TDD，上行采用单载波 FDMA，下行采用 OFDMA（同 FDD）。

截至 2015 年底，电信运营商虽然建设了 200 多万个 4G 基站；但受制于更高的信号损耗和 MIMO 技术实现等因素，室内覆盖效果不佳（如图 1-7 所示），这已成为制约 LTE 网络发展的短板。另外，由于 2G/3G/4G 多系统的并存，传统室内分布系统的功率利用效率低下，且很难做到天线口功率的平衡，存在方案设计、工程实施、维护管理等难点。

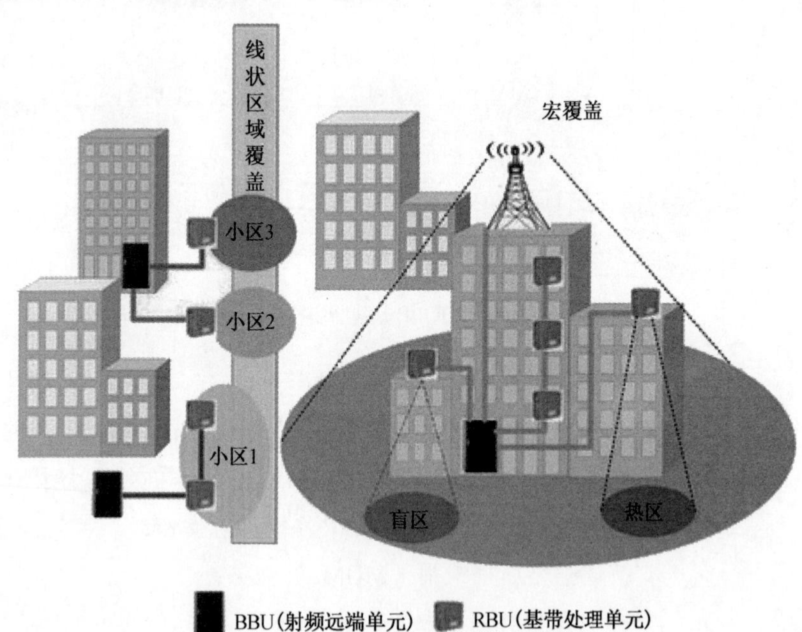

图 1-7　4G 基站覆盖的局限性

1.2 多制式数字全光分布系统研发背景

随着国务院《关于加快培育和发展战略性新兴产业的决定》和工业和信息化部《软件和信息技术服务业“十二五”发展规划》等产业政策和发展规划的推出和落实，以 TD-LTE 为代表的新一代移动通信网络建设规划预期将在未来三年部署实施。此外，工业和信息化部发布的《电子信息制造业“十二五”发展规划》中提出：“以新一代移动通信、下一代互联网、物联网、云计算等领域自主技术为基础，推动计算机、通信设备及视听产品升级换代，同时紧抓新一代通信网络建设和移动互联网快速发展机遇，推进长期演进技术及增强型长期演进技术（LTE/LTE-Advanced）研发和产业化。”这些利好政策将为通信行业的发展带来新的刺激因素。

随着 4G 网络建设的完善，2016 年投资势头依然强劲，建设重点已经由广度转向深度覆盖及网络优化。由于 MIMO 技术的引入，通过运用智能天线，大幅提升了数据传输速率。但是，由于室内安装条件的限制，多通道天馈建设困难。同时，传统室分设计必须通过链路预算来实现各路信号的链路平衡，因此需要耗费大量的时间用于方案设计工作。另外，在 2G/3G 建设中，只需建设单路室分即可满足系统速率要求。但是，在 LTE 系统中，单路射频信号已无法满足数据承载的要求，需要通过 MIMO 技术提升传输速率。相应地，需要保证双路天馈系统，这给方案设计、物业协调和工程建设都带来了巨大挑战。而 LTE 后期演进的 LTE-A 标准中使用的增强多天线技术导致室内多天线的建设又迫在眉睫，因而急需一种方便快捷的解决方案。

鉴于上述原因，多制式数字全光分布系统（后面简称全光分布系统）应运而生。该产品直接把各通信制式无线信号转成光信号，通过光纤传输到覆盖区对其进行信号覆盖。由于它使用光信号传输，不易受外界干扰，因而传输信号质量高，系统工作稳定，性能指标也优于其他直放站系统。全光分布系统一般由近端单元（后面简称 MU）、扩展单元（后面简称 EU）、远端单元（后面简称 RU）三部分组成。在下行方向上，近端单元通过耦合器取出来自基站的下行信号，将射频信号转换成光信号再送入光纤传输；经扩展单元传送到远端单元后，远端单元再将光信号转换为射频信号，经功率放大器放大后由用户天线发射至覆盖区域，从而达到覆盖的目的。同理，在上行方向上，远端单元天线接收来自移动台的上行信号，经低噪声放大并转换为光信号输入光纤，经扩展单元传送到近端单元后，将上行光信号变换为射频信号，经放大器放大，由辐合器传送给基站。全光分布系统示意图如图 1-8 所示。

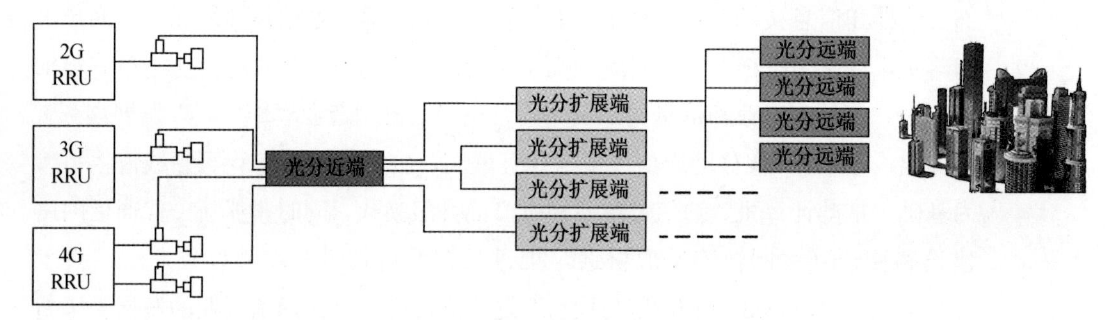

图 1-8　全光分布系统示意图

1.3　多制式数字全光分布系统概念

全光分布系统能同时接入多种制式的信号，一般按运营商进行区分。例如，中国移动支持 GSM、TD-SCDMA 和 LTE 信号的同步传输，中国电信支持 CDMA、FDD-LTE 信号的同步传输，中国联通支持 WCDMA 和 FDD-LTE 信号的同步传输等；国外需求也有对应的定制化产品。另外，全光分布系统还支持宽带接入服务。

近端单元从信源端直接耦合 2G、3G 和 4G 信号，经过数字处理后通过光纤传输到扩展单元；在扩展单元，来自近端单元的信号与宽带信号合路，然后经过协议转换将射频信号与宽带信号合成，通过光纤传输给多个远端；远端单元对信号进行数字处理后进行分离，WLAN 信号通过 AP 口外接 AP 进行覆盖，2G、3G 和 4G 信号最后通过天线实现覆盖。全光分布系统架构示意图如图 1-9 所示。

近端单元（主单元）功能：近端单元（MU）主要实现射频信号接入和数字信号处理，以及光电转换功能。

扩展单元功能：扩展单元（EU）实现光电转换，数字中频信号与宽带信号的合路，以及下行信号功分/上行信号的合路。

远端单元功能：远端单元（RU）主要实现射频信号和数字信号转换，以及宽带信号的接入处理。

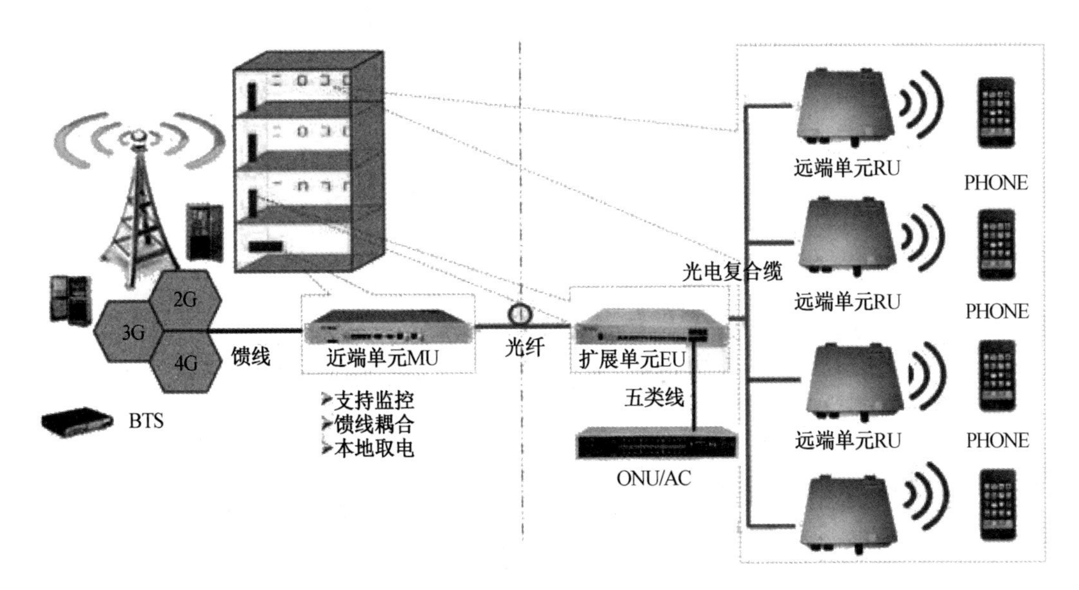

图 1-9　全光分布系统架构示意图

全光分布系统主要应用于 2G、3G、LTE 和 WLAN 无线通信信号的深度覆盖，可协助运营商进行多制式信号的同步建设，降低多系统无线信号覆盖的成本。它可以满足运营商客户多种覆盖需求：

- 将传统的光纤到楼改为光纤到楼层。一台设备覆盖一个楼层，楼层内部仍按传统的方式布线，这样就使信源更接近天线，减少了信号在传输与分配过程中的损耗。
- 覆盖粒度变小使覆盖更有针对性，场强分布更加均匀，甚至可以做到滴灌式覆盖，且无须使用任何干线放大器。
- 远端采用微功率设计，用多路低功率输出代替单路大功率输出，能方便地支持多通道工作，并能减小设备体积，降低设备功耗和成本。
- 每个远端单元输出功率均可独立调节，可以更有效地实现覆盖，吸收话务量。
- 由于是有线连接，每个远端单元都可以可靠地实现集中监控，方便监控管理。
- 方便施工，减少了布线时的中间转换环节，改善了系统的驻波问题和工程质量。

1.4　多制式数字全光分布系统的适用场景

城中村/低层小区/校园场景

此类场景楼宇密集，道路狭窄，多为弱覆盖区域，如图 1-10 所示。而业主对传统基站设备非常敏感，强烈的维权意识导致传统射频电缆接天线方式难于实施。随着 LTE 用户的不断增加，网络运营的压力越来越大，此类场景网络建设难度较大。

（a）

（b）

图 1-10　城中村/低层小区/校园场景

街道/商铺场景

此类场景如图 1-11 所示，其中室外信号较好，但商铺室内信号差。传统室外建设方式，难以统一协调业主。同时，该场景用户多，话务量大，对数据业务的要求较高。

图 1-11　街道/商铺场景

酒店/写字楼/公寓场景

此类场景如图 1-12 所示，其中天线难以按需布放，传统室分只能覆盖到公共区域。即使天线点位安装于房间，信号泄漏也难以控制。楼宇低层墙体隔断多，门口走廊信号好，但房间内信号差；楼宇高层室外基站信号强，乒乓效应难以控制，导频污染严重。同时，物业协调、天线和射频电缆布放困难。由于引入了大量接头及无源器件，工程质量难以保证。另外，布放同轴线缆的施工难度大，工期长。完工后馈线、电源线容易被盗，且无源节点难以监控，维护排查困难。

针对以上场景覆盖建筑所存在的瓶颈，全光分布系统覆盖建设方式完全能较好地进行解决，演进版本 2 W 功率等级设备可以实现更加深入的覆盖。同时，由于其较低的每平方米造价，还能增加更多的应用场景，可以完美解决 LTE MIMO 建设中面临的方案设计、空口功率平衡、工程施工及管理维护等难点，充分吸收话务量，大幅提升数据业务的质量，在信源较为紧张且深度覆盖困难的情况下，能较好地提升信源回馈率。

图 1-12　酒店/写字楼/公寓场景

第2章 多制式数字全光分布系统产业发展

2.1 行业标准

当前全光分布系统——射频馈入数字分布系统的要求，是射频馈入数字分布系统系列标准之一，该系列标准的名称及结构如下：

- 《射频馈入数字分布系统设备技术要求》；
- 《射频馈入数字分布系统设备测试方法》；
- 《射频馈入数字分布系统网管技术要求》；
- 《射频馈入数字分布系统网管测试方法》。

另外，规范性引用文件是必不可少的：

① YD/T 1082—2011

《接入网设备过电压过电流防护及基本环境适应性技术条件》

② YD/T 1817—2008

《通信设备用直流远供电源系统》

③ YD/T 2280—2011

《接入网设备基于以太网接口的反向馈电技术要求》

④ GB/T 15844.2—1995

《移动通信调频无线电话机环境要求和试验方法》

⑤ GB4208—2008

《外壳防护等级（IP 标志）》

⑥ 3GPP TS25.113

Base Station（BS）and repeater ElectroMagnetic Compatibility

凡是注明日期的引用文件，则只有注明日期的版本才适用于全光分布系统；凡是不注明日期的引用文件，其最新版本（包括所有的修改单）适用于全光分布系统。

此系列标准规定了射频馈入数字分布系统的网络结构、无线性能、网络功能，以及监控管理、电源适应性、环境适应性和安全等方面的技术要求。

此系列标准适用于室外功率不大于 2 W、室内功率不大于 500 mW 的射频馈入光纤分布系统中的单制式或多制式设备。

2.2 发展历程

随着移动通信网络的飞速发展，由于 2G、3G、4G 之间的网络生命周期和更替规律的不同，为针对区域不均衡的现状，制定网络长期共存、协调均衡发展策略，协同建设与运营，实现良好的用户体验，在众多全光分布系统制造商的积极参与下，全光分布系统产品应运而生。

2012 年业内第一台多制式数字全光分布设备问世，它以光纤取代传统的馈线馈缆，以远端微功率、天线集成一体化实现定点精准覆盖，整个系统易协调、易建设、易维护，在多种应用场景中，实现了对各类覆盖难点的突破，如商业中心覆盖、小区覆盖、城中村覆盖等。全光分布系统用于多网覆盖，标志着多网独立运营到多网协同运营的转变，开创了移动通信的新时代。

另外，为更好地适应各制式网络需求的发展，昔日的多制式数字全光分布系统如今已发展壮大，直到今天，其支持的制式已从 GSM/TD-SCDMA/LTE 涵盖到 GSM/WCDMA/LTE、CDMA/LTE，其商用规模已覆盖了大江南北。全光分布系统正在逐渐地改变着移动通信网络的运营理念和运营方式。

多制式数字全光分布系统简史：

2012 年，第一台多制式数字全光分布设备问世；

2013 年，三大运营商先后制定了光纤分布系统企业标准，用于规范行业类产品，并开始大规模的商用；

2014 年，包括广东、江苏、四川、北京、山东、山西、湖北在内的 20 多个省份通过省级采购规模使用；

2014 年 12 月，中国铁塔公司发布了多用户光纤分布系统企业标准；

2015 年，中国联通集团牵头完成射频馈入行业标准的制定，用于规范整个光纤分布系统的设备标准；

2015 年 11 月，中国移动集团完成全光分布系统集采工作，项目规模达 14 亿元人民币，全光分布系统在全国得到更加广泛的应用。

2.3 国内使用现况

全光分布系统因其独特的功能性和适用性，在进入市场 3 年来已获得了各运营商的高度认可，并在各大运营商规模应用。

中国移动方面，2013 年中国移动公司就制定了设备的技术规范和测试规范，在随后的 2 年时间内，包括广东、江苏、四川、北京、山东、山西、湖北在内的 20 多个省份通过省级采购规模使用，每年使用规模超 10 亿元。在全国需求旺盛的大背景下，2015 年移动集团完成了多制式数字全光分布系统集采工作，总规模达 14 亿元，其中包括：近端单元 6 种产品，共 1.5 万个；扩展单元 12 种产品，共 6.5 万个；远端单元 20 种产品，共 31.8 万个。

中国联通方面，2013 年中国联通公司就制定了光纤分布系统的企业标准，2015 年联通集团牵头进行新的射频馈入行业标准的制定，用于规范整个光纤分布系统的设备标准。近 3 年，包括广东、四川、河南、安徽、山西、天津、山东在内的 10 多个省份获得了大规模的商用。

中国电信方面，光纤分布系统也已逐步走上建设舞台，成为室分的一种重要的新型解决方案，包括江苏、上海、陕西、山东、云南等省份开始应用，整个应用规模呈爆发增长的趋势。

中国铁塔方面，该公司 2014 年成立后，于 2014 年底就制定了多运营商的光纤分布系统企业标准，并在四川、山东、河南、海南等省开始试用，计划 2016 年完成产品的上线认证，开始全国的批量商用。作为多运营商集约化的新型光纤分布解决方案，多制式数字全光分布系统以其高集成度、高集约化的优势，在未来的室分共建共享领域注定扮演着重要的角色.

2.4　国际使用现况

国际上，特别是东南亚国家，运营商数量多，频段资源很少，很多室分建设都是集成商主导，集成商做好信号覆盖后租给运营商，类似于目前中国铁塔的建设模式。比较典型的是印度尼西亚，其几个较大运营商（如 Telkmosel、Indosat、XL）各自频段资源都很少，其主要频段资源如图 2-1 所示。

Cellular Frequency in Indonesia

Operators	Services	Up link Freq (MHz)	Down link Freq (MHz)
Esia (Bakrie)	CDMA 800	825 - 830	870 - 875
Flexi (Telkom)	CDMA 800	830 - 835	875 - 880
Fren (Mobile-8)	CDMA 800	835 - 840	880 - 885
StarOne (Indosat)	CDMA 800	840 - 845	885 - 890
INDOSAT - SAT	GSM 900	890 - 900	935 - 945
Telkomsel	GSM 900	900 - 907.5	945.2 - 952.4
Excelcom	GSM 900	907.5 - 915	952.5 - 960
Excelcom	GSM 1800	1710 - 1717.5	1805 - 1812.5
INDOSAT - SAT	GSM 1800	1717.5 - 1722.5	1812.5 - 1817.5
Telkomsel	GSM 1800	1722.5 - 1730	1817.5 - 1825
Natrindo / Axis	GSM 1800	1730-1745	1825-1840
Telkomsel	GSM 1800	1745 - 1750	1840 - 1845
INDOSAT - IM3	GSM 1800	1750 - 1765	1845 - 1860
Telkomsel	GSM 1800	1765 - 1775	1860 - 1870
Three/HCPT	GSM 1800	1775 - 1785	1870 - 1880
Wireless Indonesia/SMART	CDMA 1900	1900 - 1910	1980 - 1990
Three/HCPT	3G-UMTS	1920 - 1925	2110 - 2115
empty-Not in used			
Natrindo / Axis	3G-UMTS	1930 - 1935	2120 - 2125
Telkomsel	3G-UMTS	1935 - 1940	2125 - 2130
		1940 - 1945	2130 - 2135
empty-Not in used			
INDOSAT	3G-UMTS	1950 - 1955	2140 - 2145
		1955 - 1960	2145 - 2150
Excelcom	3G-UMTS	1960 - 1965	2150 - 2155
		1965 - 1970	2155 - 2160

图 2-1　印度尼西亚主要频段资源

通过图 2-1 可以看出，每个制式都有好几个运营商，如果各自覆盖各自的信号，则造成重复建设，浪费很大；印度尼西亚的室分集成商就扮演管道建设的角色，建好网络租给运营商。美国 TE 公司（原 ADC 公司）在几年前就参与了印度尼西亚的室分集成商的共建共享建设，它提供的就是最多支持 4 个制式的数字光纤射频拉远系统，比如印度尼西亚首都雅加达的主干道和商业综合体就采用了多制式光纤拉远系统进行信号覆盖。随后，中国的一些厂家也开始给印度尼西亚的室分集成商提供类似的解决方案。

另外，随着对伊朗经济制裁的放松，伊朗的运营商也开始启动多制式数字全光分布系统的研究工作，预计在一到两年内伊朗市场将启动首批多制式数字全光分布系统的建设。

因此，从国际视野来看，多制式数字全光分布系统的应用范围会越来越广。

第3章 多制式数字全光分布系统产品介绍

3.1 产品特点

3.1.1 传统室分现状

传统室分覆盖模式在建设、开通和维护过程中面临着一系列的问题，主要体现在物业协调困难、深度覆盖困难、高层切换频繁、数据业务体验差、投诉处理周期长等多个方面。因此，迫切需要一种全新的、高质量的室内覆盖解决方案。全新高质量的覆盖方案，需解决以下几方面的问题：

- 解决施工维护困难，降低干扰和噪声；
- 提升信号均匀覆盖度，提高系统综合效益；
- 组网快速，室内外协同优化简单；
- 提升网络质量，降低网络运维成本。

3.1.2 新型深度室分覆盖方案产品的特点

多制式数字全光分布系统是集2G、3G、4G三种制式于一体，并具备宽带接入功能的系统。该系统主要由多业务数字接入单元（近端单元，MU）、多业务数字扩展单元（EU）和多业务数字远端单元（RU）组成。该系统中接入单元从基站端耦合信号，采用数字传输方式，通过光纤传输到扩展单元，在扩展单元与宽带信号合路，然后通过千兆网口传输给多个远端单元；远端单元对信号进行数字处理后，2G/3G/4G 信号通过天线实现覆盖，宽带信号通过百兆网口实现宽带网络覆盖。该产品接入单元和扩展单元之间是通过基于数字中频技术的光纤传输的，扩展单元和远端单元之间通过光纤/复合光缆传输；在数字中频技术的基础上开发了星状组网、菊花链组网、输入功率统计、上下行 AGC 控制等功能。该产品的特点主要体现在以下几个重要方面：

- MU 支持星状组网，EU 支持菊花链组网，RU 支持星状组网；
- GSM/DCS 上、下行均采用载波选频，支持 8 个载波，而 TD-SCDMA 为 A 频段宽带机型；
- 室分型和室外型产品的功率均为 27 dBm（本书以此功率等级为主进行分析），远端覆盖单元具备功率调节功能；
- 接入单元和扩展单元采用 220 V 交流供电，远端单元采用 LU 低压远供单元（优选）和 POE 供电；
- 系统组网最多支持 256 台远端，扩展单元最多支持 8 级菊花链扩展；
- 系统扩展单元具有独立支持宽带传输的功能；
- 提供完善的监控解决方案，接入单元可以实现集中监控，实时监测全系统的工作状态。

3.2　产品架构和面板、接口介绍

3.2.1　产品构架

多制式全光分布系统主要由多业务数字接入（近端）单元（MU）、多业务数字扩展单元（EU）和多业务数字远端单元（RU）组成。其中远端单元（RU）又分为室分型和一体化终端型两种产品形态。各个单元及其产品形态介绍如下。

近端单元（MU）

近端单元（MU）如图 3-1 所示。信源的 2G、3G 和 4G 下行射频信号进入 MU 后，通过变频单元变换为模拟中频信号，此中频信号经过 AD 转换、FPGA 信号处理后变成数字基带信号，再通过激光器进行光电转换后输出下行数字信号，发送给扩展单元。在反向链路，激光器接收扩展单元发送的上行数字信号，通过 FPGA 及 DAC 信号处理后成为模拟中频信号，此信号再通过混频单元变换为上行 2G、3G 和 4G 射频信号。

图 3-1　近端单元（MU）

MU 的特性如下：

- 2G/3G/4G 多制式信源引入；
- 1U 子框结构；
- 4 光口可星状连接 4 个 EU；
- 支持机架和挂墙安装方式。

扩展单元（EU）

扩展单元（EU）如图 3-2 所示。通过激光器接收的下行数字信号，与 ONU 或者 AC 输出的下行宽带信号合路，合路后的数字信号经过一定格式的协议转换，通过功分单元将下行数字信号经过对应的光口转发给远端单元（RU）。反向链路：将从所有光口接收的上行数字信号合路，将其中的宽带信号分离后传输给 ONU 或者 AC，分离的数字中频信号通过激光器进行光电转换后传输给近端单元。

图 3-2　扩展单元（EU）

EU 的特性如下：

- ➢ 1U 子框结构；
- ➢ 支持 EU 间 8 级菊花链型级联；
- ➢ 8 网口接收宽带数据合路；
- ➢ 支持星状级联 RU；
- ➢ 支持机架和挂墙安装方式。

远端单元（RU）

远端单元（RU）如图 3-3 所示。它接收通过光纤发送的下行数字信号，按照规定格式协议将各制式数据分解出来，并将所恢复的并行数据再次进行数字信号处理，通过滤波、插值等中频算法处理后进行 D/A 转换，恢复成射频信号，最后通过天线对目标区域进行信号覆盖。同时，从下行数字信号分解出的 ONU 宽带信号，通过外接 AP 单元完成 WLAN 无线覆盖。反向链路：通过天线接收的 2G/3G/4G 上行射频信号通过混频单元变换为中频信号，此信号通过 ADC 及 FPGA 信号处理后，与 AP 接入的上行宽带信号合路，通过一定模式组帧后，通过光电转换经光纤传输给扩展单元。

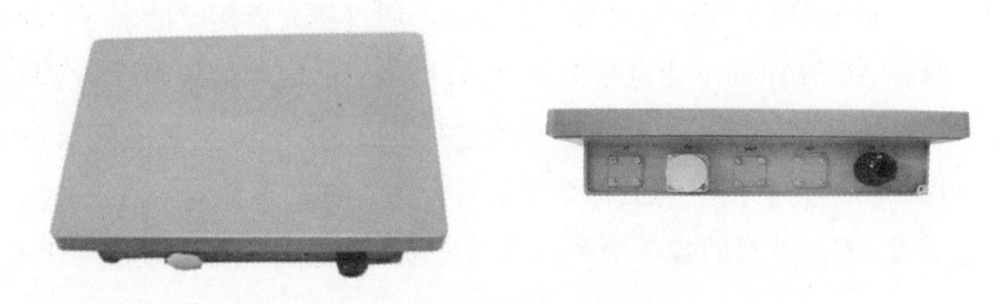

图 3-3　远端单元（RU）

RU 的特性如下：

- 支持 2G/3G/4G，提供 WLAN 透传，外接瘦 AP；
- 1 光口/网口数据引入；
- IP65 等级，抗震、防水、防雷；
- 天线内/外置可选，最大输出功率为 27 dBm；
- 室内和室外均可应用；
- POE 供电。

3.2.2　产品面板及接口介绍

近端单元 MU

MU 前面板接口如图 3-4 所示。

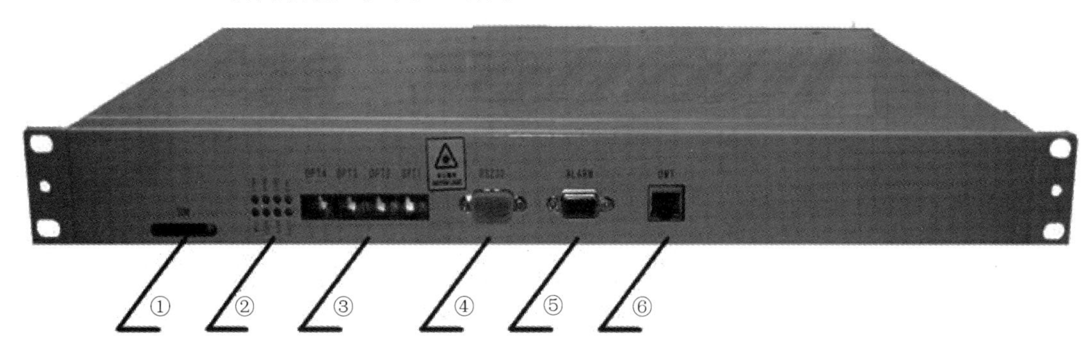

图 3-4　MU 前面板接口

图 3-4 中各接口说明如下：

① SIM：SIM 卡插槽。

② 指示灯：

- MOD：MODEM 工作指示灯；
- LOCK：本振锁定指示灯；
- ALARM：告警指示灯 R；
- STATUOMTS：工作状态指示灯；
- SYN1~4：光同步指示灯。

③ OPT1~OPT4：4 个光口。

④ RS232：RS232 串口。

⑤ ALARM：外部告警口。

⑥ OMT：本地调测网口 L。

MU 后背板面接口如图 3-5 所示。

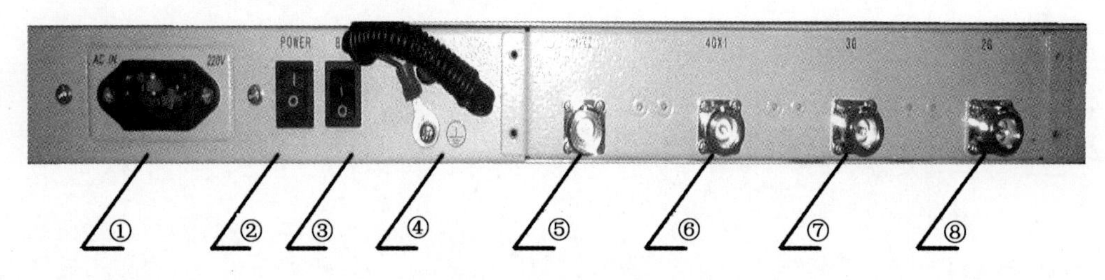

图 3-5　MU 后面板接口

图 3-5 中各接口说明如下：

① AC IN 220V：AC 220V 电源输入端口；

② POWER：电源开关；

③ BAT：蓄电池开关；

④ POS：位置告警接线端；

⑤ 4G×2：　LTE2 射频接口，N 型接头；

⑥ 4G×1：　LTE1 射频接口，N 型接头；

⑦ 3G：TD-SCDMA 射频接口，N 型接头；

⑧ 2G：GSM 射频接口，N 型接头。

扩展单元（EU）

EU 前面板接口如图 3-6 所示。其中各接口说明如下：

① 调测软件：调测软件本地调试网口。

② 指示灯：

- RUN：程序运行状态指示灯；
- ALARM：告警指示灯；

- SYN_M：光同步指示灯（与 MU）；
- SYN_S：光同步指示灯（EU 级联）；
- SYN1~12：光同步指示灯（与 RU）。

③ MAIN：光口，与 MU 相连。

④ SIDE：光口，EU 级联。

⑤ OPT1~OPT12：12 个光口。

⑥ E1~E8：百兆网口。

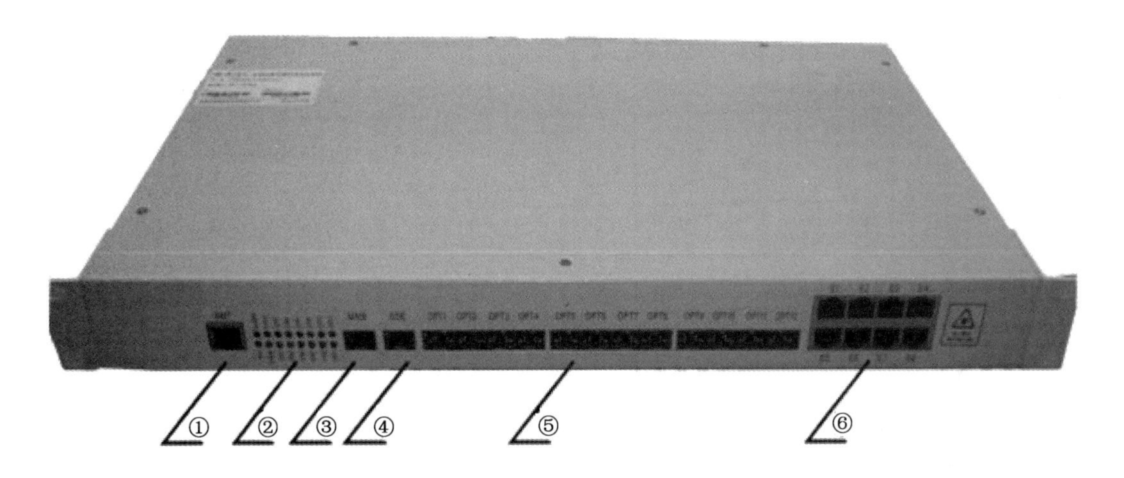

图 3-6　EU 前面板接口

EU 后面板接口如图 3-7 所示。

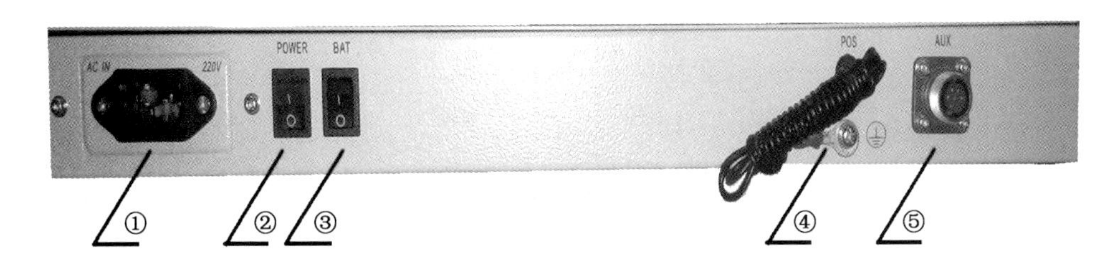

图 3-7　EU 后面板接口

图 3-7 中各接口说明如下：

① AC IN 220V：AC 220V 电源输入端口；

② POWER：电源开关；

③ BAT：蓄电池开关；

④ POS：位置告警接线端；

⑤ AUX：光旁路接口。

远端单元（RU）

RU 面板接口如图 3-8 所示。

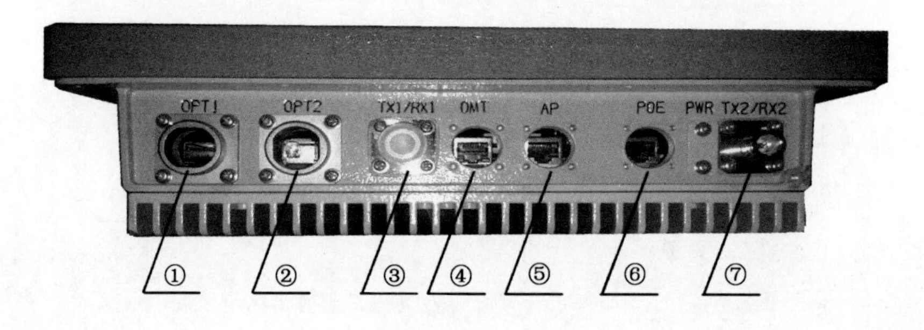

图 3-8　RU 面板接口

图 3-8 中各接口说明如下：

① OPT1：光口，与 EU 相连，或与 RU 级联；

② OPT2：光口，与 EU 相连，或与 RU 级联；

③ TX1/RX1：重发天线接口，N 型接头，TD-SCDMA+LTE2 信号下行输出、上行输入；

④ OMT：本地调测网口（MTT 调测）；

⑤ AP：百兆网口，用于外接 WLAN AP；

⑥ POE：POE 供电接口；

⑦ TX2/RX2：重发天线接口，N 型接头，GSM+LTE1 信号下行输出、上行输入。

3.3　系统工作原理

近端单元（MU）也称主单元，它引入各制式射频信号，与扩展端单元（EU）通过光纤连接；EU 主要实现中频信号的转发，它通过光纤与远端单元（RU）进行连接；RU 的主要功能是实现射频信号的重现。系统工作原理图如图 3-9 所示。

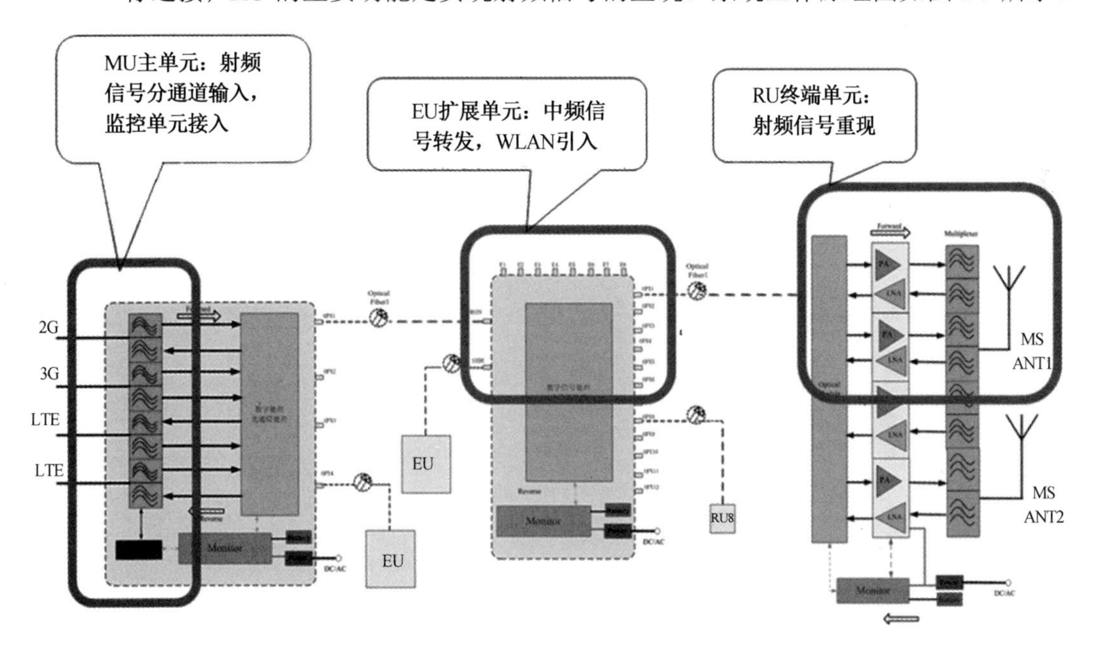

图 3-9　系统工作原理图

3.4　产品光特性指标

产品光特性指标如下：

- 波长：1310 nm/1490 nm，1310nm /1550 nm；
- 光输出功率：–9～–3 dBm；
- 光接收灵敏度：–15 dBm；
- 连接光纤类型：LC/PC；
- 光传输速率：3.125 Gb/s。

3.5 产品监控方案及举例

3.5.1 产品监控方案

全光分布式系统监控方式主要有以太网监控方式和 E1/2M 传输监控方式两种。系统监控方案示意图如图 3-10 所示。

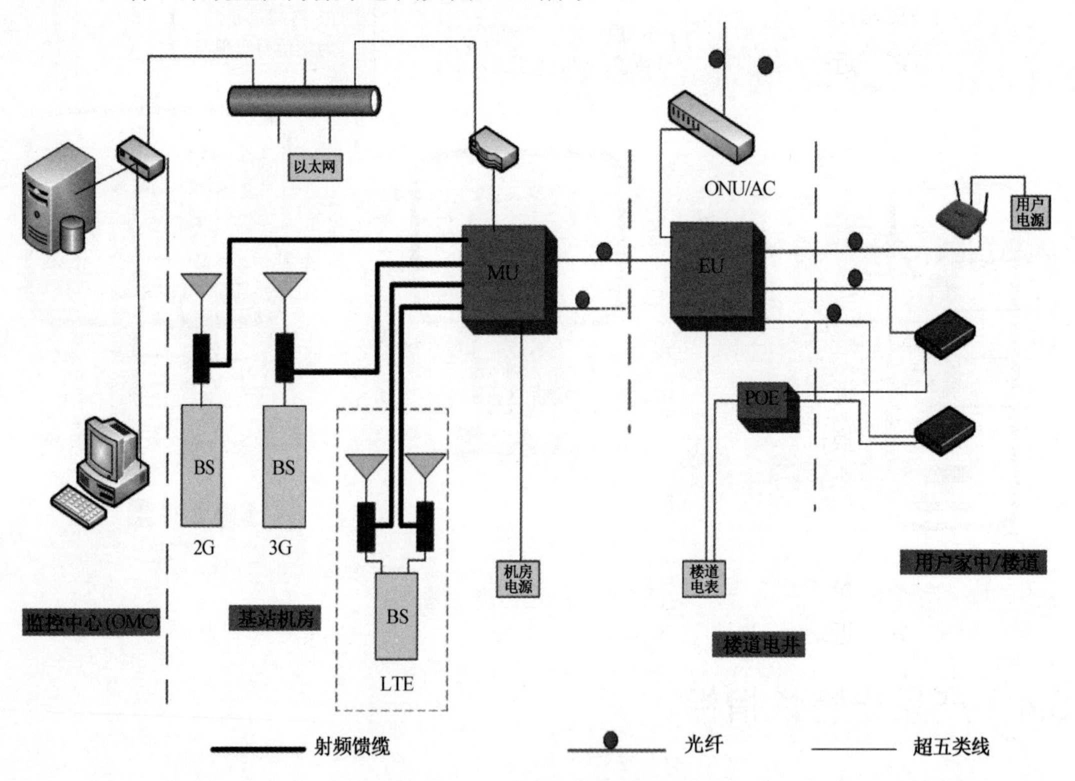

图 3-10　系统监控方案示意图

该系统提供完善的监控解决方案，近端单元（MU）可以集中监控和实时监测整个系统的工作状态；它可以通过 MODEM 无线传输或以太网有线传输与 OMC（监控中心或网管中心）实施远程监控。近端单元和扩展单元具有远程软件升级功能，方便使用和维护。

以太网监控方案

- 以太网 IP 化方式可以依赖运营商的 PTN、MSTP、DCN 等传输网络；
- 运营商通过机房的传输设备划分一个以太网络给直放站监控传输用，同时在 BTS 机房和网管机房直接提供以太网接口；
- 运营商为近端机设备分配 IP 地址资源，配置传输路由使近端机能够与 OMC 进行以太网数据交互；
- 近端机的以太网口直接与传输设备的以太网口连接，即可与 OMC 组成一个网络；
- 如果基站里有多台近端机，用小交换机汇接起来即可。

E2/2M 监控方案

- 近端机所在机房提供 E1/2M 链路传输到网管中心机房；
- 近端机侧用单口 E1 转换器传输设备，监控中心采用多口的汇聚型 E1 转换器，可同时实现和多台单口 E1 转换器进行通信传输；
- 如果信源采用 BBU+RRU，近端机安装在 RRU 侧，则可通过加一对光猫，利用光纤传输到 BBU 机房，再通过 E1 上传；
- 整个组网可看作一个 2M 传输组成的局域网；
- 近端机设备的 IP 地址、子网掩码等信息和 OMC 网管的配置在同一网段。

3.5.2　有线监控方案举例

以下以某省移动全光分布系统为例对其有线监控（PTN 传输）方案进行介绍。

有线监控组网拓扑

全省全光分布系统设备的有线监控采用以太网传输组网拓扑结构，以 PTN 传输方式来进行接入。其拓扑结构如图 3-11 所示。

具体描述如下：

➢ PTN 端口传输模式采用 E-line 模式，在每个全光分布系统的近端单元处分配 1 个 RJ45 网口，根据实际机房 PTN 传输设备的端口情况及设备安装位置的不同来定义不同的接入方式，并在硬件上增加相应的光电转换器（光纤收发器），将近端单元与 PTN 传输设备相连。

➢ 地市全光分布系统站点的近端单元通过基站 PTN 设备将链路调通至地市的传输汇聚机房，再连接至地市汇聚机房 MDCN 网络的 9306 交换机上。该三层协议交换机最终通过内部的 MDCN 网络直接与直放站网管服务器数据打通，形成一条传输链路通道。

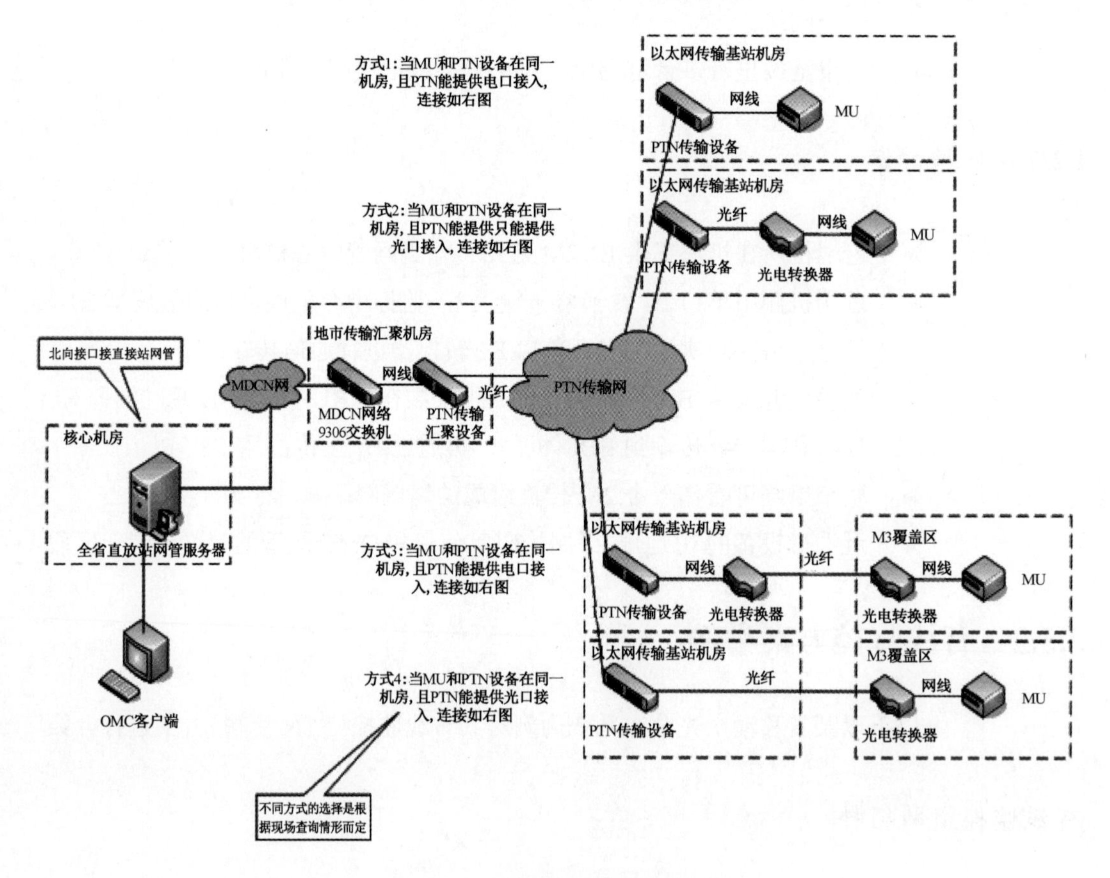

图 3-11　有线监控组网拓扑结构

PTN 传输组网软硬件配置资源及分工界面

硬件需求采购及监控设计方案（设计单位）

- 首先设计院需在勘察中确定全光分布系统覆盖站点上联的信源基站所对应的 PTN 传输设备的位置，以及 PTN 传输设备的端口类型，端口数量有无富余。同时，根据实际设备安装位置情况在设计中采购相应接口和数量的光电转换器。（具体方式参见图 3-11）
- 需要核实链路传输资源是否满足端到端的链路打通，并在监控设计中体现组网拓扑及链路通道，且规划分配 IP 地址。

硬件连接及站点本地数据调测（网管企业）

根据现场查勘后出具的监控设计方案（具体参见图 3-11），安装光电转换器，并将近端单元和 PTN 设备两端的链路连通。

某公司负责全光分布系统系统中近端单元设备本地调测监控参数的配置。具体调测步骤如下：

步骤 1：将远程数据通信模块改为 802.3 网卡模式，如图 3-12 所示。

步骤 2：设置设备的 IP 地置、MAC 地址、接收端口等，如图 3-13 所示。具体设置如下：

- 设备 IP 地址设置为设计院已经分配好的各站点 IP 地址；
- 设备 MAC 地址的最后的两个数字改成与该设备的 IP 最后两位数相同，以避免 MAC 地址相同导致设备无法监控；
- 设备接收端口改为 8002，设备默认网关和子网掩码为设计院规划分配；
- 监控中心 IP 地址设为 10.25.0.204，监控中心端口号设为 8080；
- 上报号码这里设置成网管的 IP 地址，通信方式改成 PS 域方式，查询号码也设置成网管的 IP 地址即可。

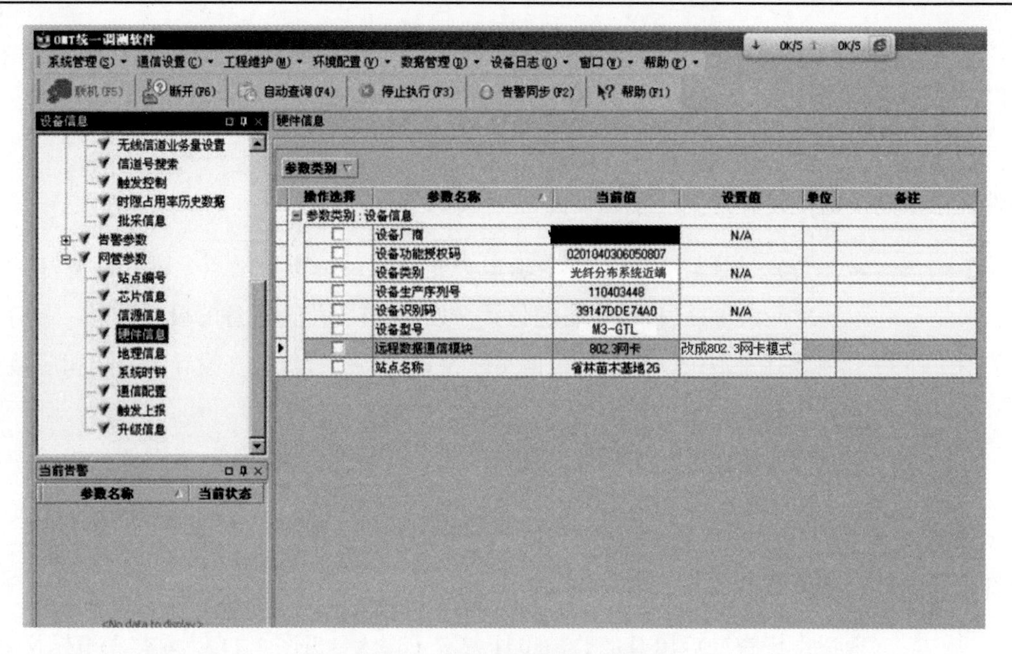

图 3-12　设置远程数据通信模块

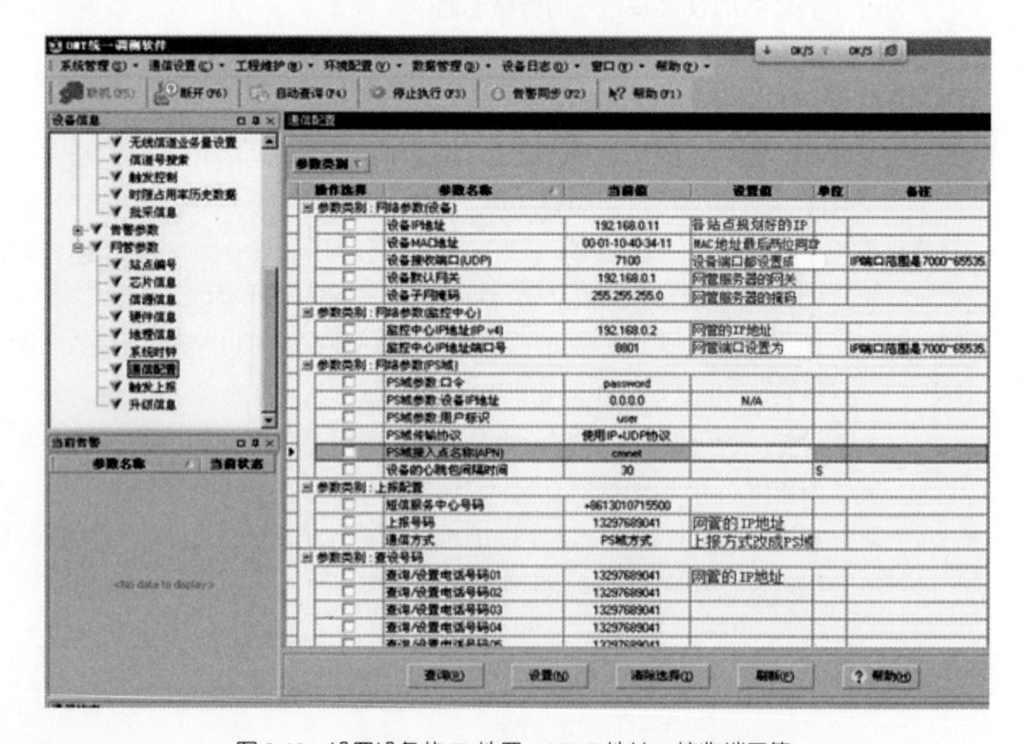

图 3-13　设置设备的 IP 地置、MAC 地址、接收端口等

步骤 3：为了验证链路打通与否，可在近端端元处用电脑 ping 10.25.0.204 这个 IP，ping 通即通。

监控数据配置（传输中心）

- 由设备厂家告知移动传输部门有线监控的起点（如近端单元连接至某台 PTN 设备的机房位置，站号，以及接入槽口等信息），终点为需要将该链路跳接至全省直放站网管服务器的位置。然后由地市工建部负责全光分布系统的项目经理接至地市传输数据中心做监控的数据配置。
- 传输部门为各地市划分 IP 地址段，并具体分配给每个站点的近端单元所对应的 IP 地址，确定各站点电路资源分配的链路路由，给出默认网关和子网掩码。

第4章 多制式数字全光分布系统网络架构及关键技术

4.1 系统特点

全光分布系统具有如下特点：

- 各制式通道下行最大输出功率均为 27 dBm（可视具体应用灵活调节）。
- 系统组网方式灵活，近端单元支持星状组网，扩展单元支持菊花链、环形和星状组网，远端单元支持菊花链组网。
- 远端覆盖单元具备远程功率控制功能。
- 近端单元和扩展单元采用 220 V 交流或–48 V 直流供电，远端单元支持 POE 供电和光电复合缆远程供电。
- 扩展单元（EU）具有宽带透传功能；入户型远端单元支持宽带无线 WiFi 接入功能，室分型远端单元支持网口宽带透传功能。
- 系统提供完善的监控解决方案。近端单元可以集中实时监测整个系统的工作状态，且可以通过 MODEM 无线传输或以太网有线传输与 OMC 网管中心实施远程监控。近端单元和扩展端单元具有远程软件升级等功能，方便设备使用和维护。

➢ 本地监控功能：通过调测软件可以对近端单元、扩展单元直接进行操作维护，以及监控程序的更新下载；扩展单元还可以对各远端单元进行状态查询与设置；远端单元支持网口本地调测功能。

4.2 产品组网示意

图 4-1 所示为通信网元节点组网示意图。其中，全光分布系统位于信源 RRU 后侧；近端单元（主单元）MU 采用馈缆与各制式传统信源 RRU 进行连接，耦合各制式信号；近端单元后侧通过光缆与扩展单元（EU）和远端单元（RU）（用户终端）进行连接组网。

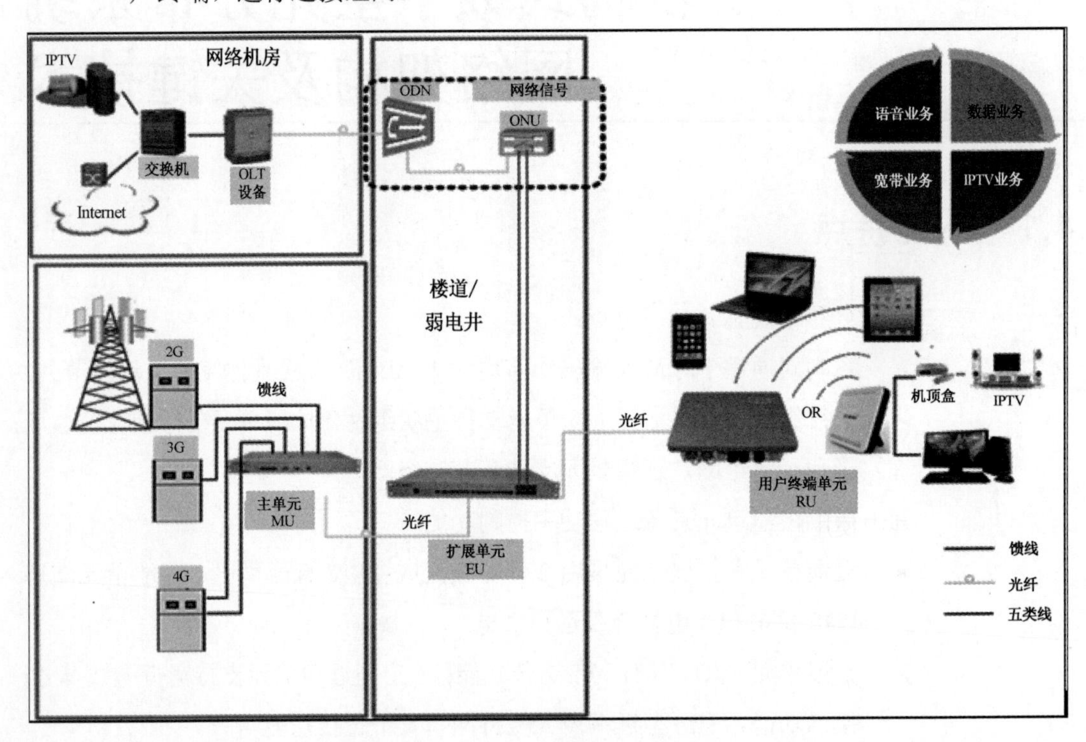

图 4-1　通信网元节点组网示意图

4.3　产品关键技术介绍

全光分布系统产品的目标，主要是解决我国第四代移动通信（4G）网络建设过程中所面临的 GSM、WCDMA、CDMA、LTE、WLAN 等不同制式的语音及数据业务的室内无线覆盖问题，完成第四代移动通信数字分布覆盖系统商用设备的研制。图 4-2 所示为系统原理框图。

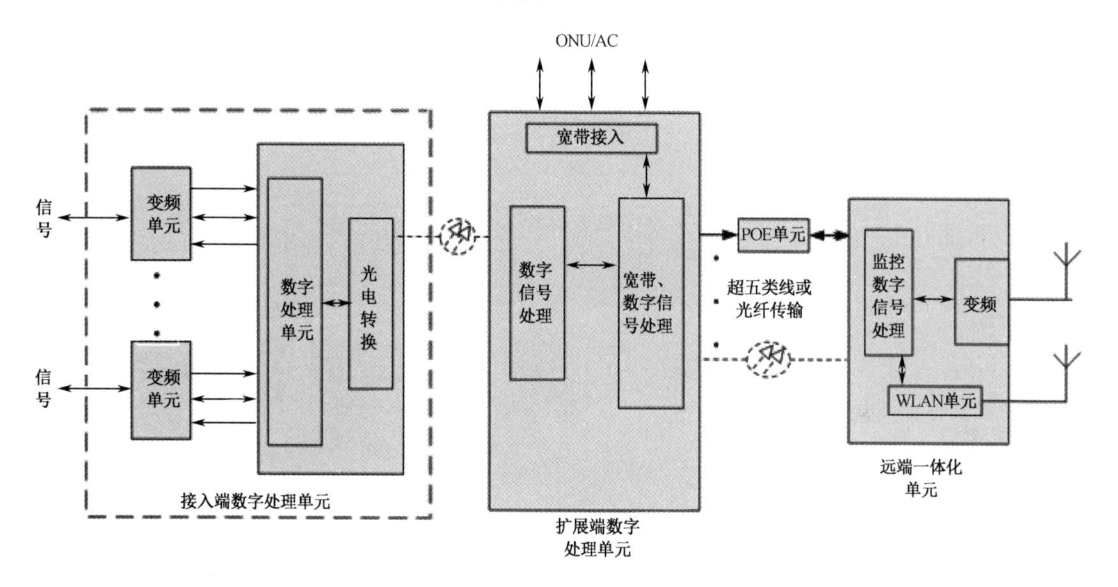

图 4-2　系统原理框图

其中使用的关键技术包括：

- 高带宽数字化技术；
- 异构网络融合技术；
- 末端监控技术。

高带宽数字化技术

高带宽数字化技术将信源的射频信号数字化，采用高带宽的数字化处理技术，可接入多频段、多制式的宽带信号，实现了全网不同频段信号的同设备覆盖。同时，数字处理方案本身可以采用各种数字信号处理算法进行滤波、噪声消除、CFR、DPD 等处理，使得整个覆盖系统的信号更纯净，噪声更低，从而有效降低设备对移动通信大网的干扰。其具体实现框图如图 4-3 所示。

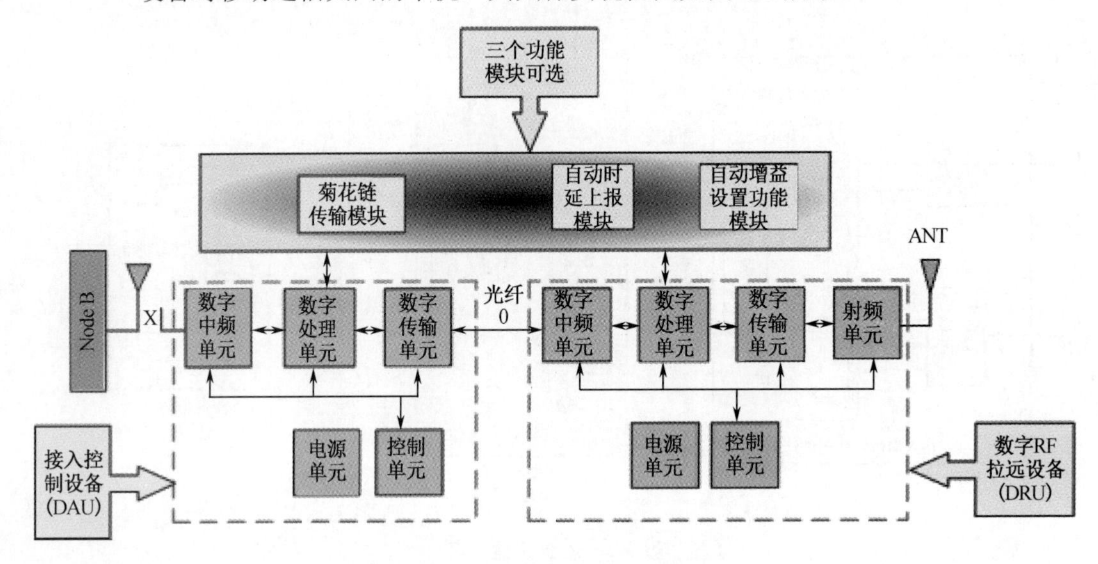

图 4-3　射频信号数字化实现框图

异构网络融合技术

全光分布系统可以和 PON 系统融合，将宽带传输中的 ONU 单元信号融合到覆盖系统中，实现移动通信信号与室内宽带信号传输和覆盖的融合。同时，还可以通过传输介质将 WLAN 信号和射频信号采用时分复用的方式进行传输。这样，可以解决移动异构网络同设备覆盖的难题。

末端监控技术

该系统将多网络覆盖的监控延伸到最后一级，实现了网络覆盖中的末端监控。这样可实现故障的实时主动上报，迅速定位和解决故障点，方便网络的维护，节省了排查费用，同时大大改善了用户使用感知。

第5章 多制式数字全光分布系统工程应用勘测

5.1 勘测目的

所谓勘测，就是了解被测建筑物的基本情况（如建筑物性质、地点、楼层数、各楼层功能、面积、电梯数量、人流量等），并根据建筑物情况，结合用户和业主需求确认覆盖区域和覆盖要求。另外，还需对待覆盖区域的无线环境进行详细测试分析，为方案设计提供参考信息。

勘测目的：

- 了解目标覆盖区域的地理环境信息及无线环境问题；
- 了解 RTTX 多制式数字全光分布设备的供电方式；
- 保证设备之间距离不超过网线的传输距离限制；
- 注意传输距离对各网络制式时延的影响；
- 减少工程施工和开通工作中出现的困难和错误，提高工程施工和开通的效率。

图 5-1 所示为勘测示意图。

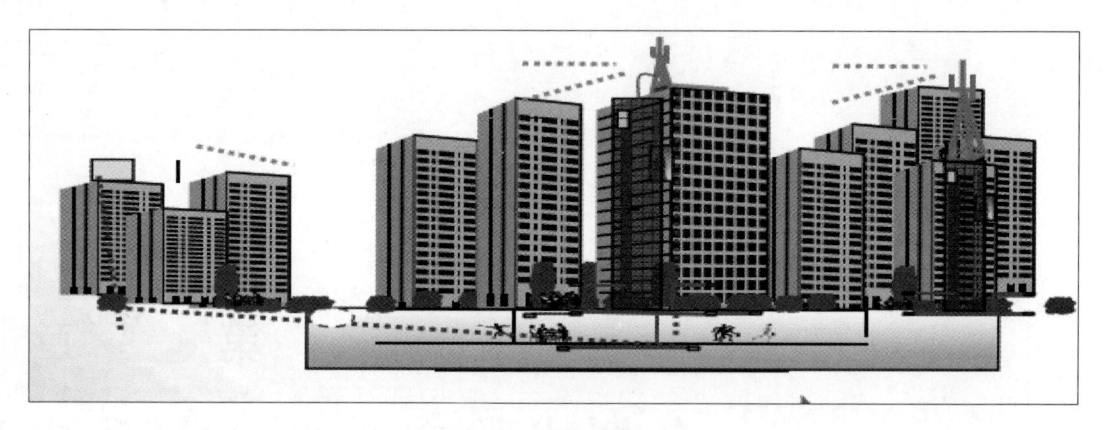

图 5-1　勘测示意图

5.2　勘测要素

在勘测过程中，需重点关注的勘测要素主要包括：

- 建设方和业主的要求；
- 硬件环境；
- 无线环境；
- 勘测人员建议和市场人员说明等。

其中，建设方和业主的要求是覆盖建设的基本要求及关注重点，其主要关注内容有：要求覆盖区域，电梯覆盖要求，边缘场强及信号质量要求，是否要求监控方式，天线安装方式，设备取电及接地情况，井道位置和走线路由，天花板和墙体结构材质等。

硬件环境

硬件环境主要包括如下几方面：

- 覆盖区的地理位置及人流量；
- 楼层的覆盖面积、用途、结构；
- 总的覆盖面积；
- 电梯位置及数量，弱电井位置（在勘测报告中应注明街道门牌号，还应附有建筑平面图，指明可用弱电井的位置）；

- 覆盖区的地理位置；
- 覆盖区域的大小、形状、距离、地势起伏程度；
- 楼宇数量、高度及密度；
- 天线安装条件及环境；
- 多制式数字全光分布系统设备安装环境。

无线环境

无线环境主要包括如下几方面：

- 视距范围内基站的数量和位置；
- 相关基站配置，如基站品牌、载频数量、CID 等；
- 典型楼层测试点频点，场强记录，边缘场强；
- 通信业务量分析及预测；
- 建筑物及其他阻挡物的屏蔽阻挡预计和分析；
- 无线环境应包括最近基站的位置和距离；
- 基站无线传输业务及其配置；
- 覆盖区测试点频点，场强记录，边缘场强；
- 通信业务量的分析及预测；
- 目标区与基站之间的阻挡情况及阻挡预测；
- 信号接入方式及传输方式。

5.3　勘测流程和勘测内容

勘测流程如图 5-2 所示。勘测内容包括：常见勘测设备和工具的准备；确定覆盖要求和覆盖方式；勘测点位选择；地理环境勘测；信源及无线环境勘测；施工环境勘测；勘测确认。

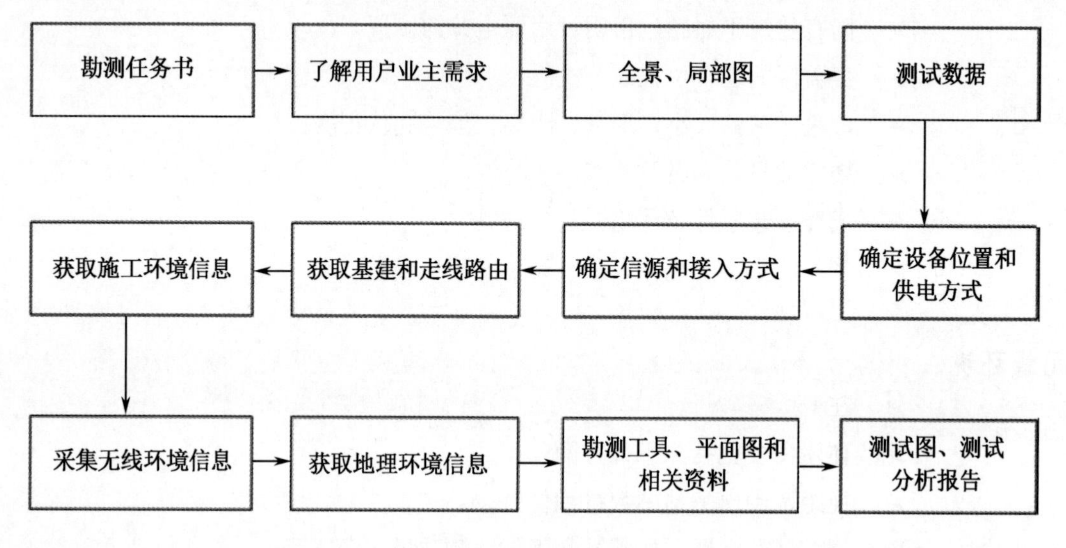

图 5-2 勘测流程

常见勘测设备和工具

- 数码相机：拍摄建筑物的全景照片、建筑物内典型位置的局部照片；
- GPS 定位仪：采集待覆盖区或站址的经纬度；
- 指北针：确定建筑物的方位；
- 卷尺或红外测距仪：测量建筑物楼层高度、楼层面积等；
- 望远镜：观察覆盖场景和周围环境；
- 路测软件及测试手机：采集分析待覆盖区无线网络覆盖情况；
- 模拟信号源、八木天线、板状天线、吸顶天线和电池。

确定覆盖要求和覆盖方式

- 建筑物的基本情况；
- 信源位置；
- 多制式数字全光分布系统设备类型及网络制式；
- 天线选型；
- 覆盖系统用电情况的调查；

- 防雷接地：接地网位置、接地点位置。

勘测点位选择

- 不同结构的楼层，每层均需测试；
- 相同结构的楼层，每 3～5 层测一层；
- 每个电梯、每个洗手间、地下每层、每条走廊均需测试；
- 在开阔型的部分要求在四周和中间共取 5 个点进行测试；
- 在分隔型的部分除在每条走廊外，同时对能够进入的房间也需要测试；
- 在对楼层进行测试时，根据楼层的大小选择足够数量并具有代表性的能反映该层网络总体情况的点进行测试，尤其要注意找到网络覆盖不好的区域。

地理环境勘测

- 总体环境：了解待覆盖区的总体环境，如建筑物的地理位置、高度、楼层结构等。为便于分析大楼内的话务量，还应包括建筑物的日平均客流量和人流构成情况。
- 局部环境：了解建筑物每层的用途及特点，最好向业主索取被测建筑物的平面图以及相关地形、结构资料；如果业主无法提供，可勘测人员必须绘制详细的平面图。
- 在图中标明弱电井、电梯井道的位置。了解各楼层的隔断情况和墙体、天花板的建筑材料；测量各覆盖区域的长和宽，由此计算出区域面积。

信源及无线环境勘测

- 了解信源位置、制造商、输出功率、接口类型、载频数、频点号，并根据信源位置确定供电电源类型；
- 收集频点、扰码、场强、干扰情况等信息；
- 统计接通率、掉话率、切换情况、电磁干扰区域等；

- 了解相邻小区载频号、电平值；
- 确定盲区范围。

施工环境勘测

- 勘测确定线缆走线路由，特别注意工程可实施性；
- 核对物业方提供的建筑图纸，对有错误的地方予以更正；
- 若无建筑图纸，则在绘制覆盖区域平面及结构草图时，力求对大楼各项特征指标仔细勘测；
- 咨询业主或物业部门，了解覆盖区未来可能的规划。

勘测确认

- 覆盖要求确认：了解覆盖区当前覆盖现状及客户要求，确认覆盖区域及覆盖需解决的问题（盲区覆盖或话务分流），对现场进行当前覆盖现状测试并加以确认；
- 覆盖信源确认：根据用户要求，确定所用信源、信源引入方式、信源工作参数；
- 覆盖系统确认：根据覆盖要求，确定具体的覆盖系统，预估相应的设备数量及安装位置；
- 天线类型确认：根据接收信号电平强度及覆盖区域特点，确定合理的系统类型；
- 监控方式确认：了解用户对监控功能的要求。

5.4 模拟测试

5.4.1 模拟测试方案介绍

模拟测试主要包括测试准备、测试内容和要求以及测试方法三个步骤。在测试准备过程中，需了解模拟测试前当前建筑结构的具体情况及详细的电磁环境，结合现场路测情况，确认覆盖区域及覆盖需解决的问题（盲区覆盖、乒乓效应或孤岛效应），最后还需确认模拟测试网络制式。

模拟测试的内容和要求主要包括以下几方面：

- 同层测试、隔层穿透测试、电梯穿透测试、楼梯穿透测试。
- 同层测试时，每一个天线都要进行功率模拟发射测试。
- 各楼层结构和材料基本一致，则可只测试一个代表楼层；基本对称的两栋建筑，可只测试其中一栋（但一定要注明）。
- 模拟测试必须明确天线的覆盖范围，减少重合区域。
- 泄漏测试：距建筑物 10 m 处测试。

模拟测试示意图如图 5-3 所示。

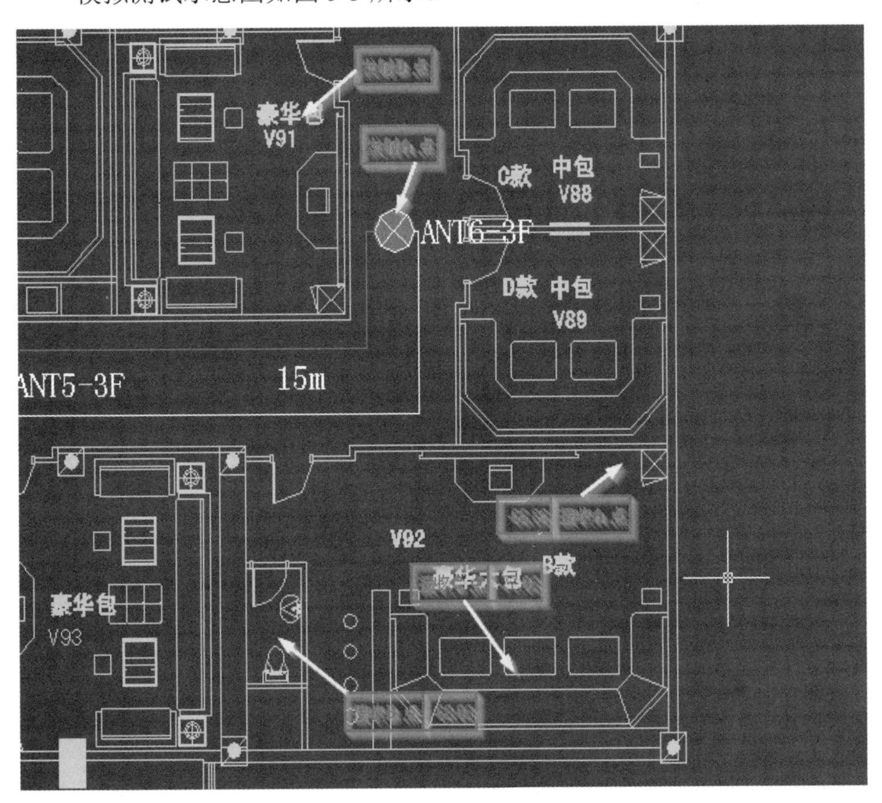

图 5-3　模拟测试示意图

模拟测试的方法和步骤如下：

① 使用模拟信号源发射射频信号；

② 模拟测试信号源必须高过头顶，减少人体衰减效应；

③ 选取测试现场没有使用的频点作为模拟发射频点；

④ 利用接收设备进行场强接收测试，记录测试点场强；

⑤ 测试路径：模拟覆盖区域的边缘；

⑥ 隔层穿透测试，即在本层 A 点设模拟发射手机，到邻层楼的同位点（即邻层 A 点）进行测试，此测试结果作为邻层天线定位的一个依据；

⑦ 电梯穿透测试：兼顾对电梯的覆盖；

⑧ 综合以上测试情况，给出模拟测试分析报告，并画出模拟测试场强图。

5.4.2　模拟测试案例

案例 1　竖井安装一体化 RU 覆盖（两梯四户）

该案例测试点位图如图 5-4 所示，测试数据如表 5-1 所示。

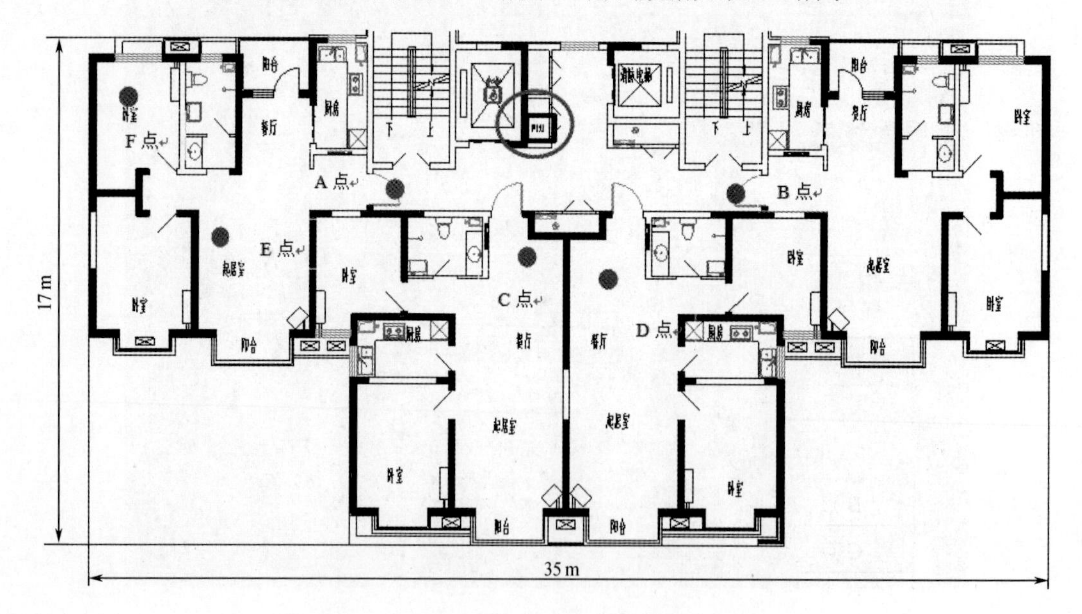

图 5-4　竖井安装一体化 RU 覆盖测试点位图

测试结论：由于设备安装在楼层中间处，左右两边均有电梯与楼梯阻挡造成穿透损耗较大，预计左右两边无法进行良好覆盖。

建议和总结：楼道安装+楼间对打。对于楼层无吊顶等复杂户型的覆盖场景的情况，应优先考虑将设备安装在楼道中间墙壁处；对于房间纵深较远且隔断墙较多的情况，应同时采用楼间对打的辅助手段进行覆盖，以提升室内弱覆盖区域的信号场强，并且每隔两层安装一个 RU（即对应 1F、3F、5F…或者 2F、4F、6F…进行覆盖）。

表 5-1　测试数据（一）

楼层	G/T/LTE	26 层	25 层	24 层
位置	信号源	(G/T/LTE)/dBm		
A 点	21/17/–4dBm	–59/–69.8/–90.5	–47/–58/–78	–60/–71/–92
B 点	21/17/–4dBm	–60/–71/–91.5	–45/–56/–79	–61/–72/–93
C 点	21/17/–4dBm	–79.5/–89.8/–108	–66/–77/–98	–80/–91/–110
D 点	21/17/–4dBm	–82/–93/–113	–69/–79/–101	–84/–95/–116
E 点	21/17/–4dBm	–92/–101/–117	–78/–89/–107	–91/–100/–120
F 点	21/17/–4dBm	–101/–115/–120	–89/–101/–120	–103/–116/–120

案例 2　走廊天线安装分体式 RU 覆盖（两梯四户）

该案例测试点位图如图 5-5 所示，测试数据如表 5-2 所示。

表 5-2　测试数据（二）

楼层	G/T/LTE	GSM	TD	LTE
位置	信号源	(G/T/LTE)/dBm		
A 点	21/17/–4dBm	–42	–52	–73
B 点	21/17/–4dBm	–41	–51	–72
C 点	21/17/–4dBm	–61	–71	–89
D 点	21/17/–4dBm	–62	–72	–91
E 点	21/17/–4dBm	–65	–76	–95
F 点	21/17/–4dBm	–74	–85	–104

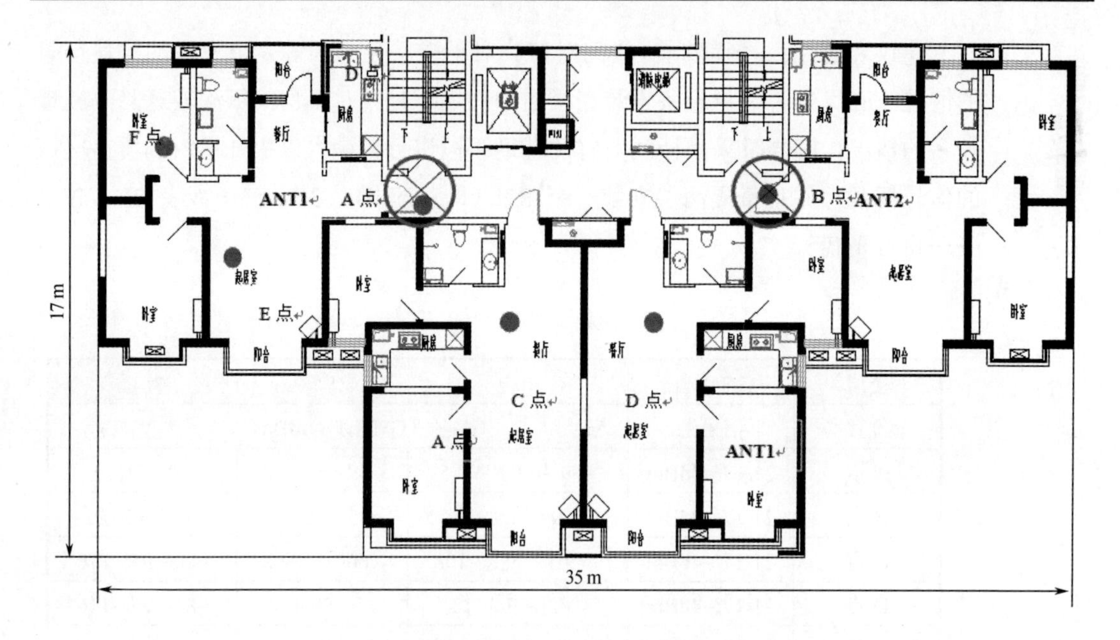

图 5-5　走廊天线安装分体式 RU 覆盖测试点位图

测试结论：通过将天线安装在走廊中间位置覆盖左右两户，由于减少了竖井铁门的衰减，室内信号有了很大提高。预计设备开通后，GSM 系统场强在 –60～–75 dBm 之间，TD 系统场强在–65～–80 dBm 之间，LTE 系统场强在–70～–105 dBm 之间。

案例 3　楼宇间天线对打覆盖

该案例现场安装位置图如图 5-6 所示。

全光分布系统目前使用较多的是衰减因子传播模型，计算路径损耗（path loss）的公式如下：

$$\mathrm{PL}(d)=\mathrm{PL}(d_0)+10n\lg(d/d_0)+R \qquad (5\text{-}1)$$

式中：

PL（d_0）——距天线 1 m 处的路径衰减：900 MHz 时的典型值为 32 dB，1 800 MHz 时典型值为 38 dB，2 025 MHz 时的典型值为 39 dB，2 400 MHz 时的典型值为 40 dB。

d——传播距离，单位为 m。

（a）

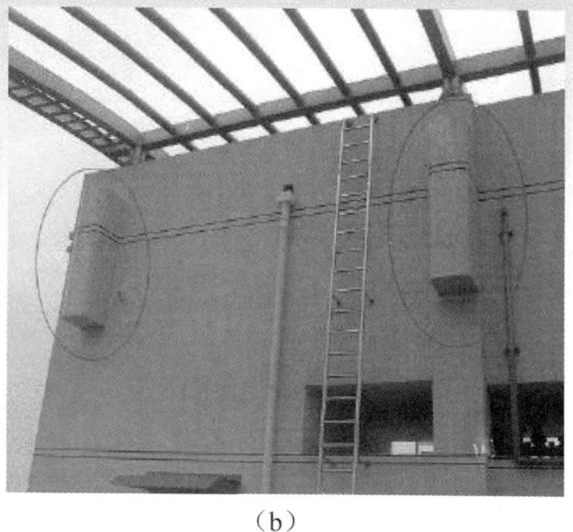

（b）

图 5-6　楼宇间天线对打覆盖现场安装位置图

n——衰减因子。对不同的无线环境，衰减因子 n 的取值有所不同。不同环境下 n 的取值如表 5-3 所示。

表 5-3　不同环境下 n 的取值

环　　境	衰减因子 n
自由空间	2
全开放环境	2.0～2.5
半开放环境	2.5～3.0
较封闭环境	3.0～3.5

R——附加衰减因子，指由于楼板、隔板、墙壁等而引起的附加损耗。不同墙体和材料的穿透损耗如表 5-4 所示。

对于 100 m 高的 30 层楼，楼间距为 70 m，将天线放置于楼间外墙壁上（如图 5-7 所示），并假设：

- P_{out}：GSM 系统设备输出功率，21 dBm；
- Gain：天线增益，15 dBi；
- d：空间距离，100 m；
- n：衰减因子，2.0。

表 5-4　不同墙体和材料的穿透损耗

类　　型	混凝土（承重墙）	空心砖墙	水泥墙	玻璃	石膏板	混凝土地板	电梯顶
穿透损耗/dB	20～25	10～15	15～20	6	6～12	12	20～30

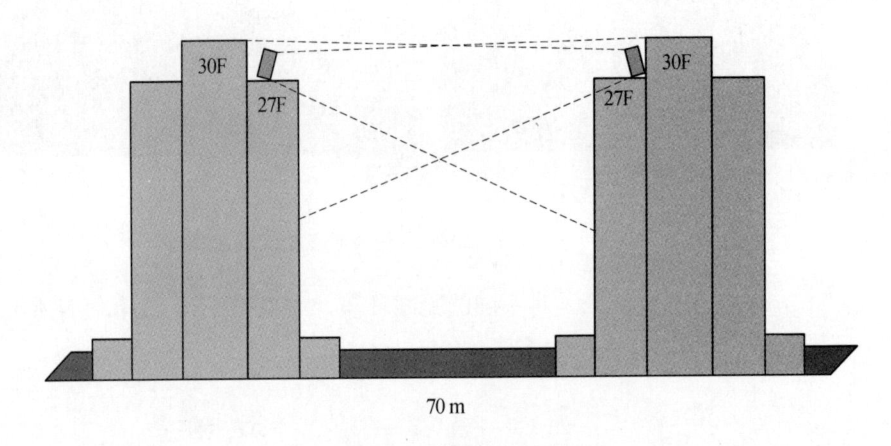

图 5-7　示例场景

以穿过第一墙混凝土墙为例，其附加衰减因子为 25 dB，则室内信号场强为：

$$\begin{aligned} P_{\text{Level}} &= P_{\text{out}} + \text{Gain} - \text{PL}(d) \qquad (5\text{-}2) \\ &= 21\ \text{dBm} + 15\ \text{dBi} - [32\ \text{dB} + 10\times 2.0\times \lg(100/1) + 25\ \text{dB}] \\ &= 21 + 15 - (32 + 40 + 25)\quad (\text{dBm}) \\ &= -61\ \text{dBm} \end{aligned}$$

以穿过第二堵水泥砖墙为例，其附加衰减因子 20 dB，则室内信号场强为：

$$\begin{aligned} P_{\text{Level}} &= 21\ \text{dBm} + 15\ \text{dBi} - [30\ \text{dB} + 10\times 2.0\times \lg(100/1) + 25\ \text{dB} + 20\ \text{dB}] \\ &= 21 + 15 - (30 + 40 + 25 + 20)\quad (\text{dBm}) \\ &= -79\ \text{dBm} \end{aligned}$$

当设备开通后，GSM 系统信号场强在通过两堵墙后的室内信号强度基本上在−60～85 dBm 之间。

5.5 勘测报告

勘测结束后，要对无线环境的勘测结果进行整理，综合地理环境、无线环境和施工环境，填写完整的工程勘测报告。对于用户或业主提供的图纸，应扫描或用制图软件制作成电子文档，并将竖井、电梯井道和典型标识的位置标注在图中，供方案设计和施工时参考。对测试图进行分析，测试数据和分析结果均应妥善保存。

勘测报告应包含的内容有：

① 介绍覆盖目标情况，即自然环境勘测情况，并将在勘测时所拍的照片放在相关位置处；

② 覆盖目标的无线环境测试情况介绍，包括各网络制式信号场强记录表；

③ 其他竞争网络在目标区域的覆盖情况；

④ 测试结果分析。

另外，勘测报告还需输出站点场强测试记录表和站点信息表，分别如表 5-5 和表 5-6 所示。

表 5-5　站点场强测试记录表

频　点	测试点场强/dBm			
	A	B	C	D

表 5-6　站点信息表

建筑物名称		业主电话			
		业主联系人			
具体地址		楼高（米）			
		楼宇层数		楼层层（米）	
大楼经度		建筑面积			
		人流量情况			
大楼纬度		有无弱电井		有无吊顶	
		弱电井通达情况		吊顶内能否走线	
楼宇功能特性		设备机房		天线能否明装	
		地下室面积		光缆能否到位	
墙体结构		施主天线安装位置			
		电梯数量		电梯井道是否共用	
电梯编号		电梯功能		停靠楼层	
垂直走向情况					
平层格局		装修材料情况		吊顶是石膏板还是铝扣板	
地域环境	□商业区 □居民区 □工业区 □ 文教区 □ 其他				

第6章 多制式数字全光分布系统产品方案设计

6.1 方案设计概念及流程

方案设计指的是用全光分布系统的产品，组成一个移动信号传输分支系统，以达到用户所提出的覆盖要求。方案设计过程主要包括方案设计活动、设计输入、设计评审、设计更改、设计确认和设计输出等方面。

方案设计活动主要是研究设计输入，确定设计方案，审核设计的质量，在工程实施过程中根据具体情况对设计进行更改，以及在工程完成后，确认方案是否满足预期要求，提交经评审、确认的方案。

设计输入主要包括勘测报告，招标书，相关的国家标准规范、法规，工程图纸，以及市场和工程人员的建议等。

设计评审主要包括以下内容：

- 设计方案是否合理，技术上是否可行；
- 设计是否规范；
- 技术措施是否正确、恰当；
- 设备、方案的配置选型是否恰当；
- 设计计算、关键图纸有无差错；

➢　各种计算依据是否科学合理，余量考虑是否充分；

➢　文件内容、专业概念是否表达准确，格式是否符合要求。

方案设计流程图如图 6-1 所示。

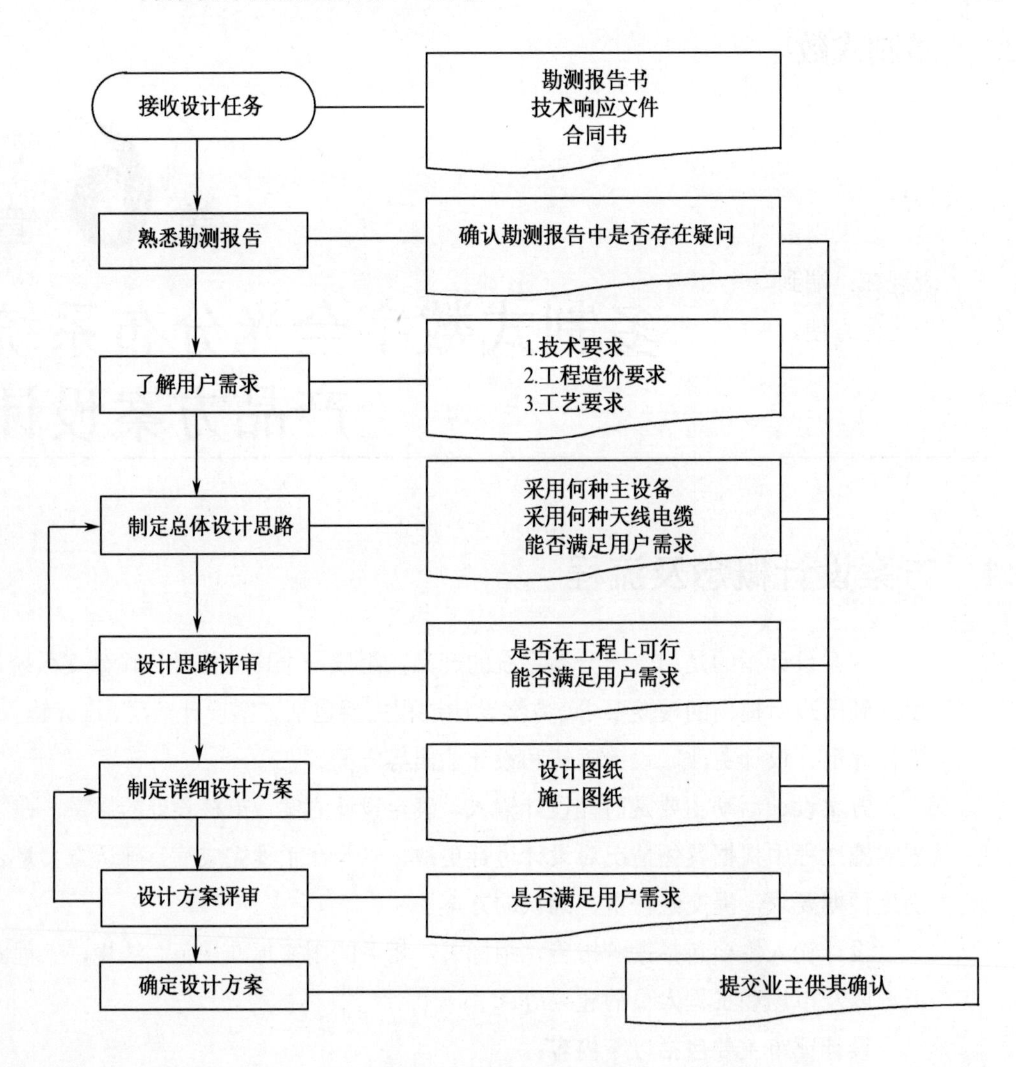

图 6-1　方案设计流程图

6.2　产品解决方案分析

6.2.1　多制式数字光纤分布系统与传统室分建设对比

传统室分解决方案存在方案设计复杂，周期长，天线口功率误差大，系统调整、调试、后期优化困难，覆盖区功率不平均，容易出现覆盖死角等多方面的问题。若采用多制式数字全光分布系统进行覆盖，则可有效地解决上述问题，突出表现在：端到端设计，方案设计简单，终端功率便于调整，系统调整、调试、后期优化方便，覆盖区功率均衡，可根据现场情况调整终端输出等。

传统室分方案在工程应用中易出现的问题有：

① 由工艺问题、人为因素等导致的驻波问题，如图 6-2 所示；

图 6-2　驻波问题示意图

② 由设备、驻波等导致的上行干扰问题，如图 6-3 所示。

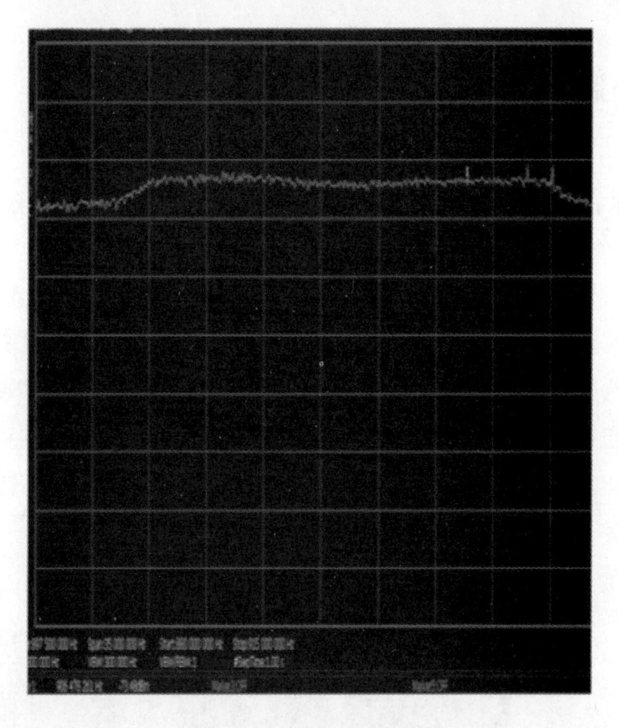

图 6-3　上行干扰示意图

③ 由无源器件多而导致的交调，故障隐患问题，以及老化后性能下降的问题（如图 6-4 所示）。

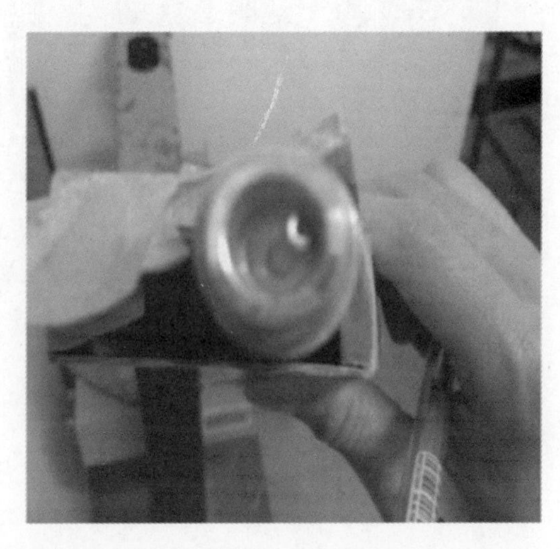

图 6-4　老化（偏离轴心）

多制式数字全光分布系统采用五类线或光纤进行传输，有效地避免了传统馈线（同轴电缆）布放及无源器件的引入所带来的问题，如图 6-5 所示。同时，也较好地降低了物业协调及设备安装施工的难度。

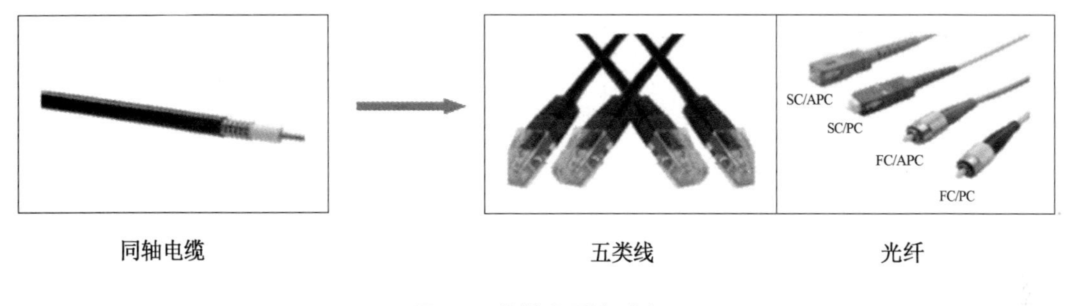

图 6-5　传输介质的对比

通过组网监控性能对比，传统室分只能监控到信源 RRU 端，天馈系统侧故障定位排查效率低；而多制式数字全光分布系统则可做到系统全监控，能监控到末端 RU 侧，后期故障排查定位效率高。两种解决方案的监控区域对比如图 6-6 所示。

6.2.2　多制式数字光纤分布系统建设优势及产品特点

与传统分布式基站相比，多制式数字光纤分布系统的建设具有优势：现网中以 BBU+RRU 的方式进行覆盖，虽然载频数增加了，但在很多情形下，载频并没有得到充分利用，这样就会造成不必要的资源浪费；多制式数字光纤分布系统产品的引入，在进行室分建设方面，不仅能很好地控制上行底噪，而且能最大限度地利用信源的承载能力，将资源利用最大化。

多制式数字光纤分布系统产品的特点如下：

- 可以按照应用场景进行外观定制和防敏设计（天线内置，天线美化，伪装机箱等）；
- 入户系统组网方式灵活，近端单元支持星状组网，扩展单元支持 8 级菊花链组网；
- 近端单元和扩展单元采用交流 220 V 或直流–48 V 直接供电，远端单元可采用 POE 供电或 LU 低压直流远程供电；

➢ 完善的监控功能，可以纳入运营商的网管监控平台。

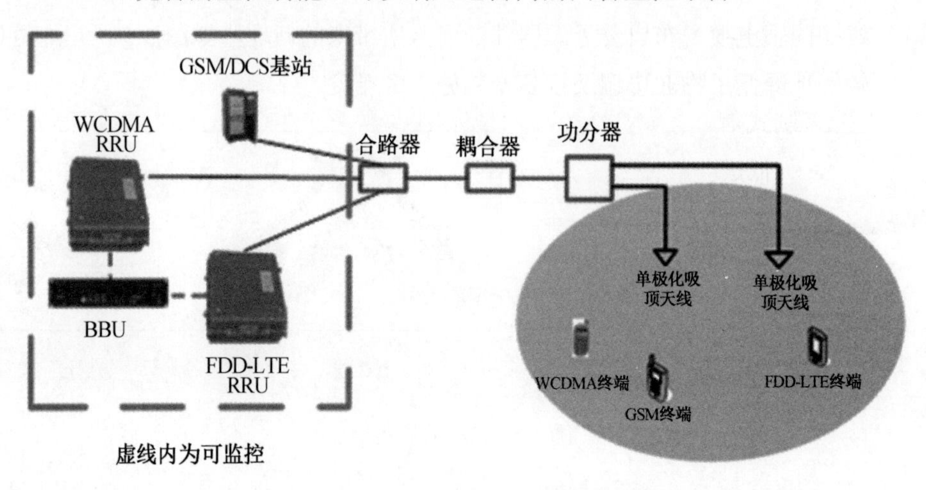

(a) 传统室分解决方案

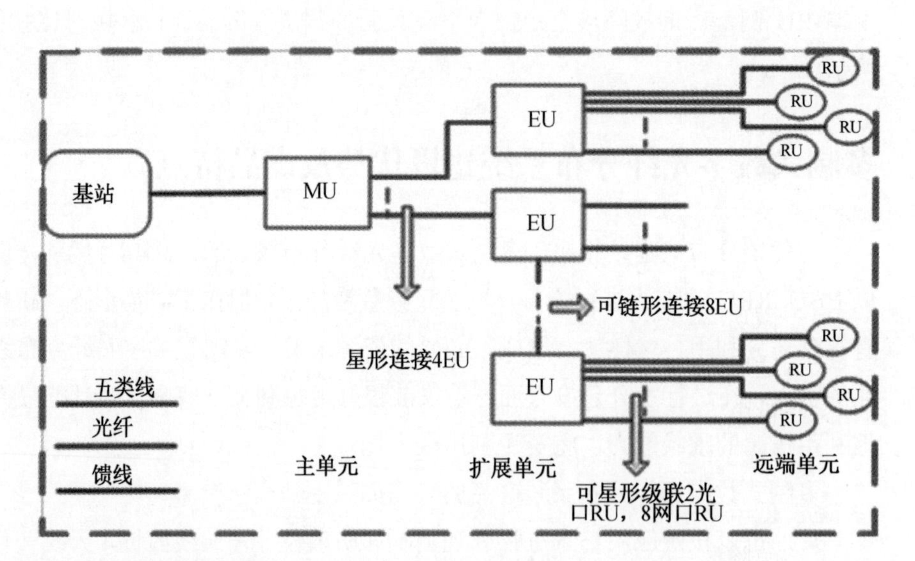

(b) 全光分布系统解决方案

图 6-6　两种解决方案的监控区域对比

6.2.3　多制式数字全光分布系统室内外应用特点

多制式数字全光分布系统室外应用特点：

- 低成本快速部署：利用光纤、五类线传输无线信号，可降低铜缆等高成本资源的投入，部署简单快捷，且降低物业协调的难度。
- 系统效率高：单平台实现多制式、多业务协同部署，放大单元前置，节省传输路径损耗，显著提升系统的综合效率。
- 覆盖效果优：微功率浸入式精度覆盖，有效改善系统信噪比，特别适用于城中村/棚户区等密集、复杂的环境。
- 设备适应性强：支持 POE/光电复合缆远程供电；终端设备采用高防护等级、伪装化设计，与目标场景融为一体。
- 全程监控：可接入运营商网管监控平台，实时监控系统运行状况，并实时调节覆盖端工作参数。

多制式数字光纤分布系统室内应用特点：

- 驻地网接入：借助驻地网资源（五类线/光纤），轻松完成目标区域深度覆盖。
- 多业务引入：在一根光纤或网线上同时支持多种移动通信信号、互联网宽带、IPTV、WiFi 等业务的覆盖。
- 微功率输出：高集成模块化、放装式造型设计，有效改善系统信噪比，适用于家庭、办公场所覆盖和无线覆盖投诉处理等。
- 供电方式可选：支持 POE 远程供电及远端设备识别功能，降低取电难度并防止电力盗用。
- 低成本快速稳定部署：网络部署迅速，工程维护量较之传统室分设备大幅降低；可加载网管监控平台，协助运营商实时监控资产运行状况。

多制式数字全光分布系统的技术方案对比如表 6-1 所示，其典型场景应用建议如表 6-2 所示，其建设需求选取如表 6-3 所示。

表 6-1 多制式数字全光分布系统的技术方案对比

	多制式数字全光分布系统	RRU＋无源天馈分布	小区覆盖系统	多制式数字全光分布系统+天馈分布
建设成本	中	高	高	较高
建设难度	利用驻地网资源，降低难度，建设难度低	建设难度适中	小区协调难度大	利用驻地网覆盖家庭，用分布系统覆盖公共区域，建设难度适中
建设周期	0.5～1 天	15 天	15～30 天	15 天
维护成本	低	中等	高	中等
覆盖范围	可达到覆盖率 80%	覆盖率达到 70%	覆盖率达到 85%	覆盖率达到 95%以上

表 6-2 多制式数字全光分布系统典型场景应用建议

场景类别	建 筑 特 点	多制式数字全光分布系统的特点与优势	设备选择（建议版）
老城区/城中村	人口密集，话务量高，建筑结构复杂，楼房穿透损耗大，大部分没有统一规划，房屋排列密集。 现覆盖情况：低层盲区多，深度覆盖不足。 覆盖难点：物业协调难，楼宇老旧传统室分难以实施，布线困难，施工周期长	① 天线内置，物业协调容易，施工简单快捷，工程施工类似于宽带安装，业主阻挠少； ② 微功率光纤分布系统还可以完成宽带到楼，方便日后宽带业务的开展； ③ 微功率光纤分布工程主要使用五类线进行分布，被盗几率较馈线低； ④ 城中村或老城区未来面临拆迁问题，近端单元、扩展单元、射频远端单元、五类线均能回收循环利用	优先选择使用全光型 RU，供电方式采用 POE 网线供电或复合光缆供电
酒店/宾馆	场景特点：高端用户多，人口流动量大，室内信号对电磁信号的阻挡较为严重。 现覆盖情况：深度覆盖不足。 覆盖难点：传统室分在房内覆盖不足，布线困难，施工周期长	① 天花板内无走线； ② 无须打孔，不影响酒店营业； ③ 设备安装在房间内，达到精确覆盖； ④ 深度覆盖效果好，窗边无弱覆盖区； ⑤ 2G、3G 同时传输和覆盖； ⑥ 后期扩容新增设备简单，易操作； ⑦ 设备体积小，占用空间少，外形美观； ⑧ 功率低、耗电量小	光纤型 RU-外置天线（根据原有驻地网类型选择）

续表

场景类别	建筑特点	多制式数字全光分布系统的特点与优势	设备选择（建议版）
沿街商铺	场景特点：人口流动大，话务量高且具有时段性，两边的高楼阻隔，宏站信号覆盖较差。 现覆盖情况：店铺内部信号覆盖不足。 覆盖难点：传统室外铜缆物业协调难，布线困难、影响美观，施工周期长	① 组网灵活，物业协调难度较低，整体项目造价低； ② 一体化射频远端单元覆盖单元便于安装、调试； ③ “小功率、多天线”均匀场强覆盖，有效提升业务覆盖水平； ④ 预留 WLAN 接口接入，便于后期 WLAN 升级使用	优先选择使用全光型 RU（降低施工走线难度），供电方式采用光电复合缆
低层小区	场景特点：小区统一规划，房屋排列规则，人口密集，话务量高，室外宏站信号覆盖室内效果差。 现覆盖情况：室内深度覆盖不足。 覆盖难点：传统室外分布物业协调难，布线困难，施工周期长，影响美观	① 射频远端单元美化设计，方便物业协调； ② 走线便捷，工程周期短，降低业主敏感度，减少物业管理纠纷； ③ 预留 WLAN 接口接入，便于后期 WLAN 升级使用	优先选择使用网线型 RU（降低居民敏感度及施工难度）；考虑物业的因素，亦可选光纤型RU

表 6-3　多制式数字全光分布系统建设需求选取

网络建设需求	所面临的问题	微功率光纤分布系统
常规建设	物业协调困难	功率光纤分布五类线/光纤分布，射频远端单元美观
	工程扰民	施工类似宽带安装，减少居民抵触
	入户困难	远射频端单元可入户覆盖
深度覆盖	传统室分天线功率不均	射频远端单元功率统一
	传统室分天线位置受限	美化设计，安装灵活
	建网方式“大功率小天线”难以深度覆盖	符合“小功率多天线”原则

续表

网络建设需求	所面临的问题	微功率光纤分布系统
改善质量	小区数量多，无主导小区	射频远端单元功率较室分天线大，能压制其他小区
数据分流	热点区域数据流量大，基站拥塞	兼容 WLAN，可扩展 WLAN 业务
用户投诉	用户投诉区域常在室内深处，传统室分无法有效覆盖	可依托驻地网建网，深入热点客户区域覆盖
紧急建站需求	常规馈线方案设计周期长，馈线施工难度大，工程耗时长	五类线方案设计简单，布线速度快，工程耗时短

6.3 方案设计目标、流程和步骤

6.3.1 2G/3G/4G 方案设计目标

2G 方案、3G 方案和 4G 方案的设计目标分别如表 6-4、表 6-5 和表 6-6 所示。

表 6-4 2G 方案设计目标

项　　目	要求（2G GSM）
边缘覆盖场强	主目标覆盖区域内 95%以上位置，手机接收下行信号场强电平大于–85 dBm，电梯、地下停车场等边缘地区覆盖场强电平不小于–90 dBm
干扰保护比	同频干扰保护比：C/I≥12 dB（不开跳频），C/I≥9 dB（开跳频）
	200 kHz 邻频干扰保护比：C/I≥–6 dB
	400 kHz 邻频干扰保护比：C/I≥–38 dB
业务接通率	要求在无线覆盖区内的 95%的位置，99%的时间移动台可接入网络；语音业务呼叫建立成功率大于 99%
掉话率	忙时话务统计掉话率小于 1%
切换成功率	室内外小区和室内各小区之间应有良好的无间断切换，切换成功率大于 97%
信号外泄	室内基站泄漏至室外 10 m 处的信号强度应不高于–90 dBm 或低于室外信号强度 10 dB
上行噪声电平	基站接收端位置在其他系统共用时接收到的 GSM 上行噪声电平应小于–110 dBm/200 kHz

表 6-5　3G 方案设计目标

项　目	要求（3G TD-SCDMA）
边缘覆盖场强	95%以上的位置，P-CCPCH　RSCP≥−80 dBm
业务接通率	移动台在无线覆盖区内 98%的位置，99%的时间可接入网络
	通常情况下，要求呼损率小于 1%
	覆盖区与周围各小区之间有良好的无间断切换，接通率大于 90%
信号外泄	建筑外 10 m 处接收室外信号≤−95 dBm 或比室外主小区低 10 dB 的比例大于 90%（当建筑物距离道路小于 10 m 时，以道路为参考点）
上行噪声电平	在基站接收端位置收到的上行噪声电平小于−100dBm/1.6MHz
误块率	AMR(12.2kb/s)：≤1%； PS[(64/64)kb/s，(128/64)kb/s，(384/64)kb/s，HSDPA]：≤5%～10%； CS(64kb/s)：≤0.5%～1%

表 6-6　4G 方案设计目标

区域类型	覆盖标准	公共参考信号		指标要求	小区边缘速率/(Mb/s)	小区平均吞吐率/(Mb/s)
		RSRP/dBm	RS-SINR/dB			
单通道	高标准	>−100	>5	≥95%	DL/UL:≥4/≥2	DL/UL:≥35/≥30
	一般标准	>−105	>3	≥95%	DL/UL:≥4/≥2	
	低标准	>−110	>1	≥95%	DL/UL:≥4/≥2	
双通道	高标准	>−100	>6	≥95%	DL/UL:≥6/≥2	DL/UL:≥50/≥35

6.3.2　方案设计流程

方案设计流程如图 6-7 所示。

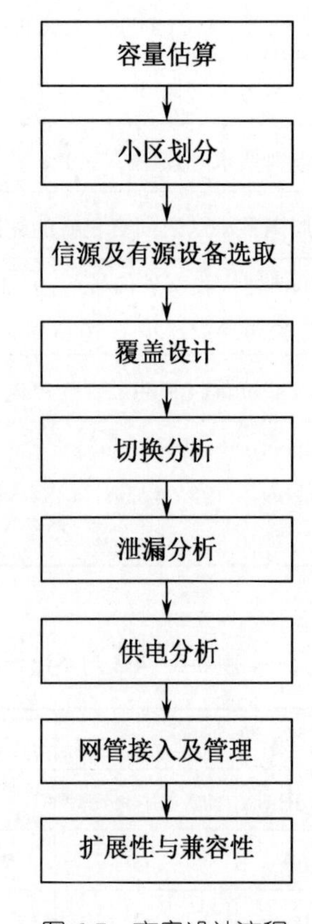

图 6-7　方案设计流程

6.3.3　方案设计步骤

容量估算

蜂窝网络规划首先要确定系统容量需求（即系统中将有多少用户，这些用户将产生多少话务量），这是整个蜂窝网络工程设计的基础。系统容量预测分析的目的，就是为了尽可能反映实际的和将来的容量需求，以便估算系统所需的信道数。

GSM 制式容量估算

GSM 制式覆盖区话务量的计算公式为：

$$覆盖区话务量（Erl）=面积\times75\%\times1/2\times1/3\times手机持有率\times0.01 \quad (6\text{-}1)$$

式中：

“75%”为实用面积的比率；

“1/2”为实用面积与营业面积的比率；

“1/3”表示每平方米人数；

“手机持有率”假设为：70%为移动，20%为联通，10%为电信；

“0.01”为人均话务量。

由覆盖区话务量估算结果，即可根据爱尔兰 B 表（如表 6-7 所示）得出对应的载波数。

表 6-7　爱尔兰 B 表

	容纳人数	移动手机拥有率	人均话务量/Erl	预计话务量/Erl
GSM 容量分析	800	80%	0.02	12.8
载频配置与信道利用率对应关系表				
载波数	TCH 数量	2%阻塞率对应话务量	实际信道利用率	实际承载最佳话务量
1	7	2.94	0.474	1.39
2	14	8.2	0.529	4.34
3	22	14.9	0.598	8.91
4	30	21.93	0.62	13.6
5	42	28.25	0.637	18
6	45	35.61	0.761	27.1
7	53	43.06	0.778	33.5
8	60	49.64	0.787	39.07
9	67	56.28	0.75	42.21
10	75	63.9	0.763	48.76
11	83	71.57	0.812	58.11
12	91	79.27	0.838	66.43

CDMA 制式容量估算

决定 CDMA 基站容量的主要参数有：处理增益、E_b/N_0、话音激活因子、频率复用系数，以及基站天线扇区数等。对于单载频、单扇区基站，其极限用户数的计算公式如下：

$$N_{pole}= G_p/[\text{VAF}\times(1+\beta)\ E_b/N_0]+1 \qquad (6\text{-}2)$$

式中：

N_{pole}——反向链路单载频、单扇区的极限用户数量；

G_p——处理增益，即 W/R，其中 W=1.2288×10^3 kHz，R=9600×10^{-3} kbit,；

VAF——语音激活系数，常取 0.4；

β——其他扇区对本扇区的干扰因子，其值通过计算机仿真得出，在系统负载为 57%的情况下，全向 β=0.6，扇区型 β=0.85；

E_b/N_0——能噪比，它是决定基站反向容量的主要因素，指一个基站为了实现良好话音质量和误帧率（FER）而采用的平均 E_b/N_0，常取 5.01(7dB)。

由式（6-2），当天线类型为全向型（即 β 取值为 0.6）时，可计算出 N_{pole}=41；当天线类型为定向型（即 β 取值为 0.85）时，可计算出 N_{pole}=35。

因此，在系统负载为 100%的情况下计算出 N_{pole}=41 信道/扇区（全向型）、N_{pole}=35 信道/扇区（定向型）。通常我们建议系统负载取 57%，即可得出反向链路容量为：全向型 23 信道/扇区，定向型 20 信道/扇区。

覆盖区话务量（单位：Erl）计算公式同式（6-1），估算小区容量的步骤为：

① 根据用户数量计算出忙时峰值话务量 T（Erl）；

② 查询爱尔兰 B 表，得出在呼损率为 2%的情况下，峰值话务量 T 对应信道数 C；

③ 扇区（sector）数量（全向）=C/23，扇区数量（定向）=C/20。

LTE 制式容量估算

由于国内目前尚无 TD-LTE 用户行为的模型，这里采用国外密集城区 LTE 用户的行为模型去估算：

单用户吞吐量（IP 层）= ∑（吞吐量 /会话）×BHSA ×穿透率×（1＋峰均比）/3600（kb/s）　　（6-3）

式中：BHSA 为单用户会话忙时常数；网络总吞吐量=单用户吞吐量*用户数，20 Mb/s 带宽、时隙配比为 3∶1 情况下 TD-LTE 单小区平均吞吐量（MAC 层）为：下行约 65 Mb/s，上行约 8 Mb/s。

由（6-3）可得出商场单用户吞吐量为：上行 10.8 kbit，下行 44.8 kbit。

计算依据：

TD−LTE 用户数量=面积×实用比例×营业比例×用户密度×移动用户占有率×移动用户渗透率　　（6-4）

小区划分

如果覆盖区存在多小区，则小区划分应遵循以下原则：

① 切换区域应综合考虑切换时间要求以及小区间干扰水平等因素来设定。

② 室内分布系统小区与室外宏基站的切换区域规划在建筑的出入口处；以室外覆盖室内的方式应尽量保证切换区域在覆盖区域的边界，并严格控制外泄。

③ 电梯内以及电梯至平层之间尽量控制在同一小区，以减少快衰落所带来的切换失败。

信源及有源设备的选取

信源需注意其设备形态，建议使用 BBU+RRU 分布式产品，多制式数字全光分布产品在运用时应考虑组网所带来的干扰以及时延问题。由于多制式数字全光分布系统多以 2G、3G 和 LTE 合路的方式建网，故组网应采取受限制式组网能力进行设计。

- 电梯切换：采用电梯厅布放天线，增加切换带范围的措施，满足切换需求；
- 楼层间切换：商场内用户主要乘坐自动扶梯上下楼层，自动扶梯空间开放，完全满足切换带的需求，保证切换成功率；

- 出入口切换：在覆盖区车库出入口处安装天线，保证切换带处于出入口3～5 m 范围内，同时控制信号外泄。

多制式数字全光分布系统级联远端最大个数

多制式数字全光分布系统可接入 RU 的个数，取决于系统对基站的干扰。一般情况下对基站上行底噪抬升小于 3 dB，即满足要求，根据以下公式计算和表 6-8 可得出结论：

$$\Delta F_{\text{BTS-rise}}=10\lg(1+N\times \text{Power}(10,(\Delta F+\Delta G/10))) \quad (6\text{-}5)$$

式中：

$\Delta F_{\text{BTS-rise}}$——上行底噪抬升值（dB）；

Power——求幂函数；

N——远端单元数量；

ΔF——直放站上行噪声系数与基站噪声系数差（dB），即 $\Delta F=F_{\text{REP}}-F_{\text{BTS}}$，其中 F_{REP} 为光分系统噪声系数（通常取 5），F_{BTS} 为基站噪声系数（通常取 5）；

ΔG——直放站上行增益与链路损耗差值（dB），即 $\Delta G=G_{\text{REP}}-L_{\text{D}}$，其中 G_{REP} 为光分系统上行增益，L_{D} 为基站到直放站链路损耗。

表 6-8 所示为上行底噪抬升计算示例。

表 6-8 上行底噪抬升计算示例

直放站噪声系数	基站噪声系数	直放站上行增益	基站到直放站的链路损耗	直放站数量	上行底噪抬升
F_{REP}	F_{BTS}	G_{REP}	L_{D}	N	$\Delta F_{\text{BTS-rise}}$
7 dB	5 dB	33 dB	49 dB	20	2.54 dB

通常情况下，建议单信源小区下挂全光分布系统远端个数不超过 20 个。

多制式数字全光分布系统最大传输距离

以 GSM 制式为例，系统最大时间提前量 $T_{A,\ max}$= 64，T_A= 1 相当于 550 m，即最大光纤拉远距离与 EU 级联个数如表 6-9 所示。

表 6-9 GSM 最大光纤拉远距离与 EU 级联个数

最大时间提前量（T_A）	多制式数字全光分布系统时延/μs	扩展单元级联数	光纤最大拉远距离/km
64	10	1	21.067

以 TD-SCDMA 制式为例，为保证 TD 网内接力切换指标达到 90%以上，TD-SCDMA 覆盖区系统时延必须控制在 12 μs 以内，其覆盖区时延主要由设备时延、光纤时延以及组网结构时延组成，即系统最大拉远距离与 EU 级联个数如表 6-10 所示。

表 6-10 TD-SCDMA 光纤最大拉远距离与 EU 级联个数

每条链路 EU 数量/台	增加的时延/μs	剩余传输时延/μs	光纤最大拉远距离/m
1	0	6	1200
2	2	4	800
3	4	2	400

以 TD-LTE 制式为例，TD-LTE 系统最大覆盖半径与 G_p 配置有关，当 G_p 配置为 10 时其最大覆盖半径为 100 km。现网 G_p 配置为 2，故其最大覆盖半径为（100 km/10）×2≈20 km，即光拉远距离与 EU 级联个数如表 6-11 所示。

表 6-11 TD-LTE 光纤最大拉远距离与 EU 级联个数

基站小区半径/km	多制式数字全光分布系统时延/μs	扩展单元级联数	光纤最大拉远距离/km
20	10	1	10.93

覆盖设计

覆盖设计主要包括覆盖方式选取、链路预算分析和天线点位设计等几方面。

覆盖方式选取主要是指根据环境场景选择不同类型的 RU 对场景进行覆盖：外接天线适合商场、超市、写字楼、酒店等室内分布应用场景，射频端口为 SMA 接口或 N 型接口；内置天线型适合城中村、小区、街道等场景。

链路预算分析指的是各网络制式由于频段不同，其传输能力以及覆盖能力均存在差异，故在设计时应以受限制式为主导进行点位设计。以国内移动运营商（中国移动）为例，各制式频段和边缘覆盖场强如表 6-12 所示。

表 6-12　中国移动各制式频段和边缘覆盖场强

制式	频段/MHz	典型天线口导频功率/dBm	边缘覆盖场强/dBm
GSM	上行:890～909	10	≥–80
	下行:935～954		
DCS	上行:1710～1725	10	≥–80
	下行:1805～1820		
TD-S	A 频段：2010～2025	5～8	≥–85
TD-L	室分：2320～2370	–15～–20	≥–75

内置天线型远端链路预算分析

室内无线传播模型相对于室外无线传播模型来说，种类相对较少。目前室内传播模型应用较广的有：Keenan-Motley 模型和 ITU 推荐的 ITU- RP.1238 室内传播模型，推荐使用 ITU-R P.1238 室内传播模型。该模型公式如下：

$$L = 20\lg(f) + N\lg(d) + L_{f(n)} - 28\ \mathrm{dB} + X_{\delta} \qquad (6\text{-}6)$$

式中：

N——距离损耗系数；

f——频率，单位为 MHz；

d——移动台与发射机之间的距离，单位为 m，$d>1$ m；

$L_{f(n)}$——穿透损耗系数，$L_{f(n)}=PW$，其中 P 为墙损耗参考值，W 为墙壁数目；

X_δ——慢衰减余量，其取值与覆盖率要求和室内慢衰落标准差有关。

不同场景的路径损耗如表 6-13 所示，不同类型隔断的穿透损耗如表 6-14 所示。

表 6-13　不同场景的路径损耗

场　　景	典型场景	路径损耗系数
自由空间	室外空旷	2
全开放环境	商场	2.0～2.5
半开放环境	住宅	2.5～3.0
较封闭环境	办公室	3.0～3.5

表 6-14　不同类型隔断的穿透损耗

隔断类型	混凝土外墙	砖墙	玻璃	石膏板	钢筋混凝土（有窗）	混凝土地板	电梯顶
穿透损耗/dB	42668	8	2～5	6～12	10～15	12	20～30

根据公式：

$$边缘场强=天线口功率+天线增益-空间传播损耗（含衰落余量）\tag{6-7}$$

可以计算得到表 6-15 所示的结果。

表 6-15　边缘场强计算结果

频率 F /MHz	路径损耗系数 N	移动台与天线之间的距离 D/m	穿透损耗系数	路径损耗 L/dB	天线口功率/dBm	天线增益/dBi	边缘场强 /dBm
900	2	30	15	75.63	14	4.5	–57.13

内置天线型 RU 主要应用于全开放环境（如：地下室）与半开放环境（如：城中村），其覆盖方式一般为室外覆盖室内，其链路预算分析如表 6-16 所示。

表 6-16　内置天线型 RU 链路预算分析

场　景	墙体数目	总体穿透损耗/dB	天线增益/dBi	覆盖距离/m（GSM/DCS/TD-S/TD-L）
理想环境	0	0	4.5	500/350/270/230
混凝土外墙	1	20	4.5	100/50/55/50
混凝土外墙+室内玻璃隔断	2	25	4.5	90/40/45/45
混凝土外墙+砖墙	2	28	4.5	80/50/45/40
砖墙+砖墙	2	16	4.5	250/150/120/120

外接天线型远端链路预算分析

以国内移动运营商为例，考虑到天馈系统末端天线预留功率在 15 dBm 以内，根据功率损耗链路预算，可计算出各制式远端 RU 可下挂天线个数，如表 6-17 所示。

表 6-17　各制式远端 RU 可下挂天线个数

网络制式	GSM	DCS	TD-S	TD-L
天线个数	6	5	5	5

分布式远端各制式天线输出功率链路预算如图 6-8 所示。

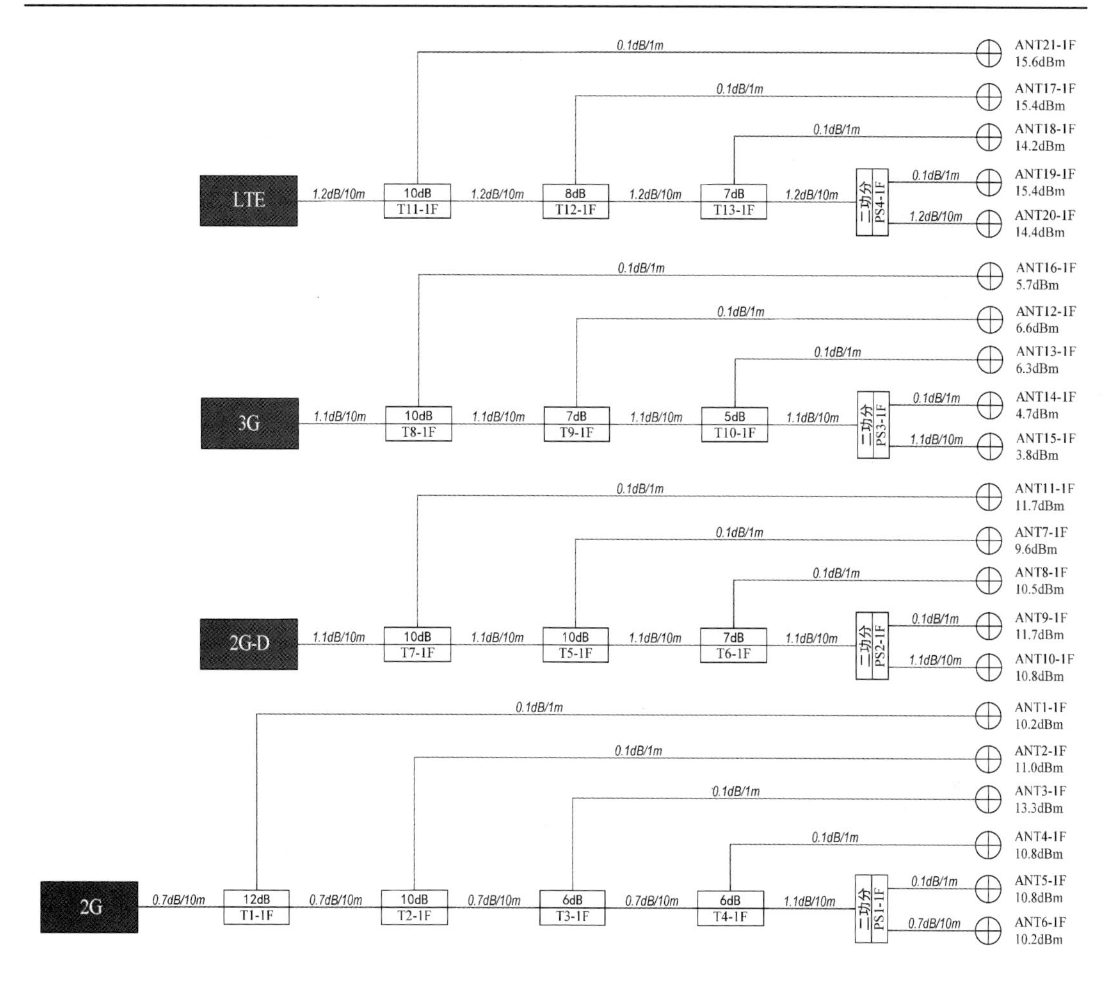

图 6-8　各制式天线输出功率链路预算

覆盖应用

以某小区 GSM/TDS 覆盖为例，设备现场安装位置图如图 6-9 所示，现场测试轨迹图如图 6-10 所示。

（a）　　（b）　　（c）

图 6-9　设备现场安装图

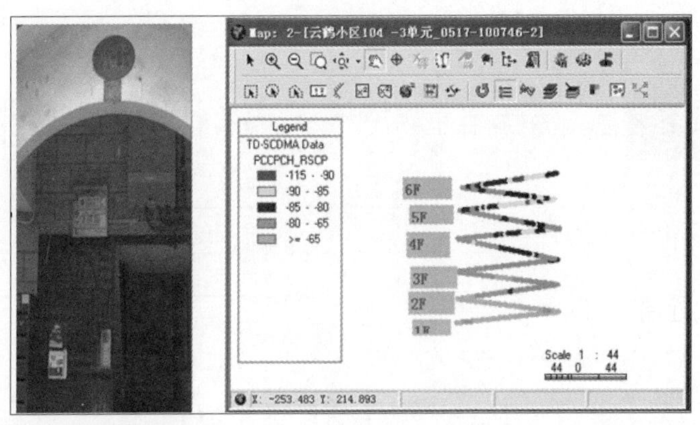

（a）TDS

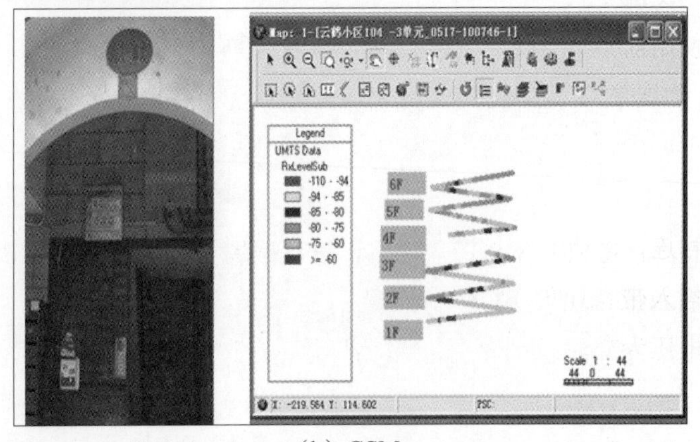

（b）GSM

图 6-10　现场测试轨迹图

切换分析

室内外小区的切换：低层采用全向天线覆盖，在充分考虑信号不外泄的情况下，在 1 层各出入口附近安装天线，保证进大楼时切换到本工程室外所用的小区，出大楼 5 m 处切换到室外小区信号。

电梯切换：电梯与平层尽量设计为同小区。

系统间切换：如果是 2G 和 3G 共用室外分布系统，整体设计原则是在保证 2G、3G 两种系统间有足够隔离度的前提下，将所有用于室外覆盖的信号全部合路馈入一套分布系统中。只要保证 2G、3G 工作正常，覆盖场强达到要求，重叠区足够，2G 和 3G 系统间允许切换，就可保证系统间切换顺利进行。

泄漏分析

建筑外 10 m 处接收室外信号不大于–95 dBm 或比室外主小区低 10 dB 的比例大于 90%（当建筑物距离道路小于 10 m 时，以道路为参考点。

供电分析

① 近端（接入控制）单元（MU）供电方式。MU 一般安装在机房或者室内，可选用 AC 220 V 或者 DC –48 V 供电。若采用 DC –48 V，需用 RV0.75 导线将直流供电端子与相对应的供电电源相连，注意极性切勿接错；若采用交流 220 V /50 Hz 供电，则交流电源插头务必插入带有地线的三孔电源插座（AC 220 V，10 A）。注意，使用前必须确认电源电压为交流 220 V，且插座地线接地良好。

② 扩展单元（EU）供电方式。扩展单元的取电根据实际应用场景确定，例如在室内应用，一般安装在弱电井内，可采用 AC 220 V 供电，也可以采用直流 –48 V 供电。若采用 DC –48 V，需用 RV0.75 导线将直流供电端子与相对应的供电电源相连，注意极性切勿接错；若采用交流 220 V/50 Hz 供电，则交流电源插头务必插入带有地线的三孔电源插座（AC 220 V，10 A）。注意，使用前必须确认电源电压为交流 220 V，且插座地线接地良好。

③ 远端（用户）单元（RU）供电方式。多制式全光分布系统的 RU 提供两种供电方案：POE 网线供电（如图 6-11 所示）和 LU 低压直流供电。建议 POE 供电单元安装于 EU 处，POE 单元与 RU 之间通过五类线连接。根据 TIA/EIA 制

定的标准，五类线传输距离最大为 100 m，在工程应用中建议不超过 80 m。

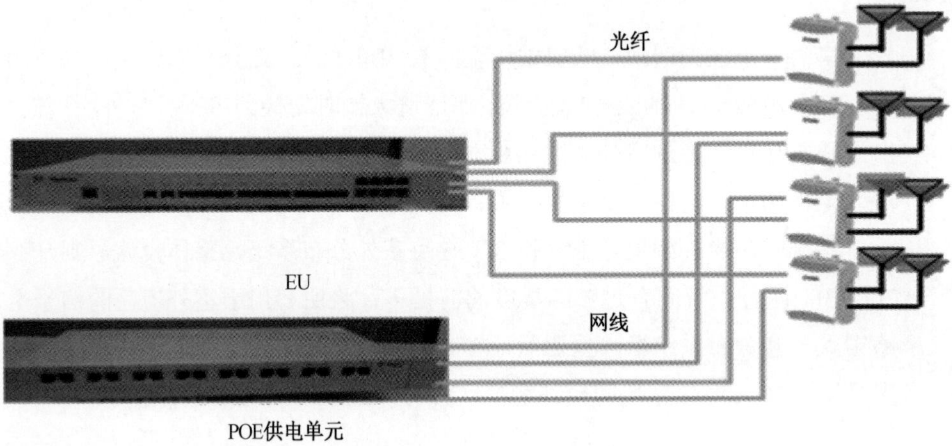

光纤
EU
网线
POE供电单元

图 6-11　POE 网线供电方案

多制式数字全光分布系统各设备功耗如表 6-18 所示。

表 6-18　设备功耗

设备类型	工作电压	耐压范围	设备功耗/W
近端单元	AC 220V，DC−48V	DC−57.6 V～−38.4 V AC 176 V～264 V	40
扩展单元	AC 220V	AC 176 V～264 V	30
远端单元（室外）	DC−48 V（POE 供电）		55

网管接入分析

① 以太监控网管。系统提供完善的监控解决方案，近端单元可以集中监控和实时监测整个系统的工作状态。可以通过 MODEM 无线传输或以太网有线传输与 OMC 网管中心实施远程监控。近端单元和扩展单元具有远程软件升级功能，方便使用和维护。

- 以太网 IP 化方式可以依赖运营商的 PTN、MSTP、DCN 等传输网络；
- 运营商通过机房的传输设备划分一个以太网络给直放站监控传输用，同时在 BTS 机房和网管机房直接提供以太网接口；

- ➢ 运营商为近端单元分配 IP 地址资源，配置传输路由，使近端单元能够与 OMC 进行以太网数据交互；
- ➢ 近端单元的以太网口直接与传输设备的以太网口连接，即可以与 OMC 组成一个网络；
- ➢ 如果基站里有多台近端机，用小交换机汇接起来即可；
- ➢ 如果信源采用 BBU+RRU，近端机安装在 RRU 侧，可通过加一对光猫，利用光纤传输到 BBU 机房，再进行上传。

② E1/2M 传输监控网管。

- ➢ 从近端机所在机房提供 E1/2M 链路传输到网管中心机房；
- ➢ 近端机侧用单口 E1 转换器传输设备，监控中心采用多口的汇聚型 E1 转换器，可同时实现和多台单口 E1 转换器进行通信传输；
- ➢ 如果信源采用 BBU+RRU，近端机安装在 RRU 侧，可通过加一对光猫，利用光纤传输到 BBU 机房，再通过 E1 上传；
- ➢ 整个组网可看作一个 2M 传输组成的局域网；
- ➢ 近端机设备的 IP 地址、子网掩码等信息和 OMC 网管的配置在同一网段。

方案扩展性分析

采用多制式数字全光分布系统设备进行覆盖时，扩展单元最大支持 8 个 RU 的连接，在方案设计时每个 EU 应预留 1～2 个接口（如图 6-12 所示），方便后期站点扩充覆盖及投诉处理。另外，EU 处提供 8 个 100 Mb/s 网口供宽带信号接入，在 RU 处可外接 AP 进行 WLAN 覆盖或连接交换机，为多用户提供有线宽带服务。

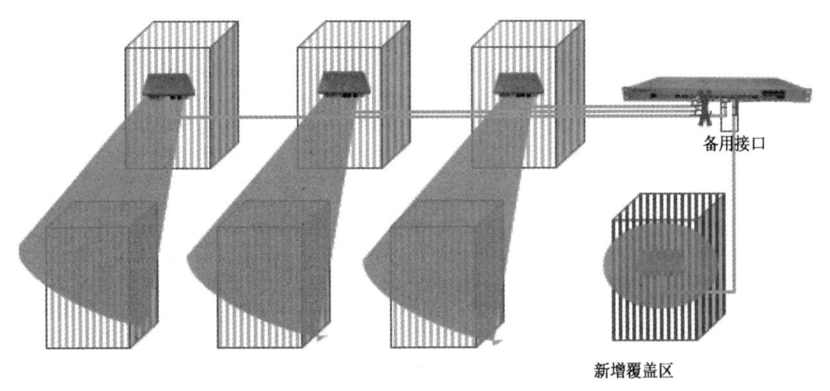

图 6-12　预留接口

施工要求及方案图纸

施工要求主要包括设备安装、天线安装、电缆的布放、五类线及光缆的布放、接头装配说明、接地要求；方案图纸输出方面，需要输出系统总图、系统原理图、安装平面图、系统主干馈线路由布放图、信号源安装平面图等。

6.4　方案设计案例介绍

以某小区为例，所要求的覆盖区域如图 6-13 所示。

图 6-13　要求覆盖区域

现场设备安装位置图如图 6-14 所示。

(a)　(b)　(c)

(d)　(e)　(f)

图 6-14　现场设备安装位置图

设备开通后，TD-SCDMA 制式现场测试轨迹图如 6-15 所示。

解决的问题：

- 彻底解决了小区的投诉，提高了小区信号覆盖强度；
- 小区内引入了 TD 信号覆盖，提高了后台数据业务。

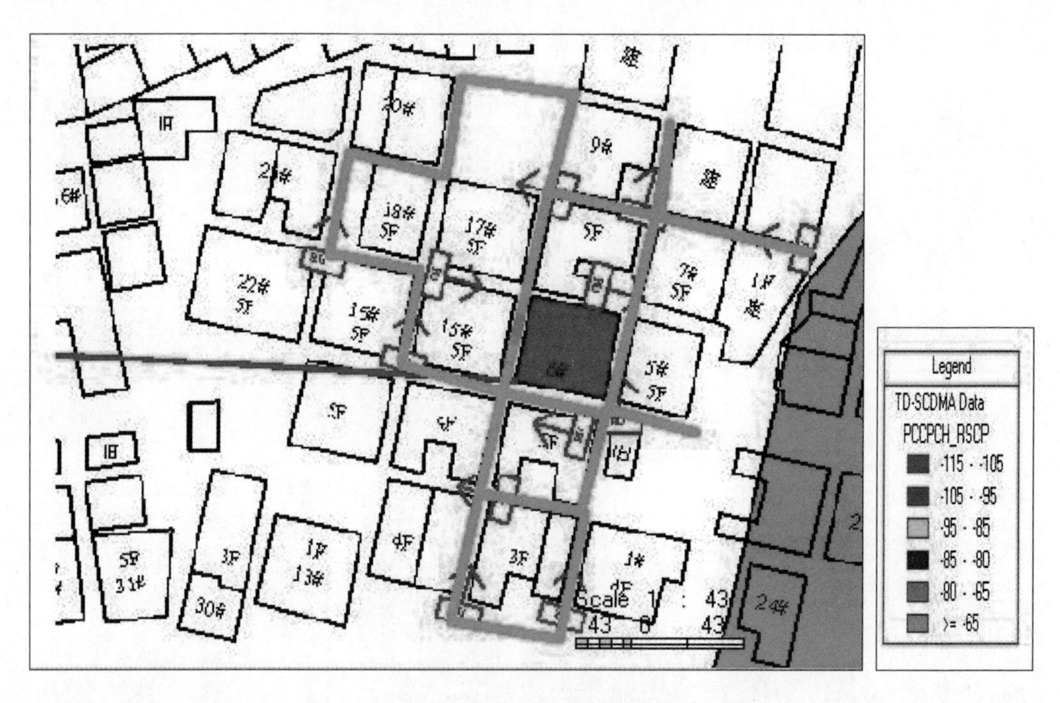

图 6-15　TD-SCDMA 制式现场测试轨迹图

第 7 章 多制式数字全光分布系统产品工程安装

7.1 施工准备

7.1.1 基本安装条件

多制式数字微功率全光分布系统设备分三部分，分别为近端单元（MU）、扩展单元（EU）及远端单元（RU）。近端单元和扩展单元为室内机，正常工作温度为 0～55℃，湿度为 5%～85%；远端单元为室外型，室外机型正常工作温度为–40～55℃，湿度为 5%～95%，能适应绝大多数外界环境。在进行安装时，务必按照手册所描述的步骤和方法进行操作。如果安装不当，会影响设备的正常工作。施工前，需对设备的安装地点、覆盖区域进行实地考察，确定基站或者 RRU 的信号强度、信道数和所需覆盖范围以及设备、天线的架设位置、供电系统等要素。

近端单元（MU）安装位置

近端单元应放在基站或 RRU 的机房内（如图 7-1 所示），光纤资源丰富，其接收基站信号电平需根据下行所要输出的功率决定，从基站耦合过来的信源功率在–16～–6 dBm 之间，这样下行输出功率就能达到最大，用户应注意根据基站功率选择耦合器。

图 7-1　机房内的近端单元

扩展单元（EU）安装位置

EU 一般安装在弱电井或者楼道中（如图 7-2 所示），与驻地网光网络单元（ONU）或者交换机一起放置，通过光纤与 MU 相连，同时使用光纤连接远端单元（RU）。注意，WLAN 透传网口与光口应一一对应（1～8 透传口对应 1～8 光口，9～12 光口无 WLAN 透传功能）。

远端单元（RU）安装位置

室内 RU 一般放置在客厅的桌面等开阔区域，方便手机信号及 WiFi 信号的覆盖；室外 RU 可根据工程实际情况，安装在弱电井、机房、楼顶等大部分区域，如图 7-3 和图 7-4 所示。

图 7-2　扩展单元（EU）

图 7-3　室外 RU（一）

图 7-4　室外 RU（二）

供电电源和接地

电源尽可能就近接入，要便于找到设备接地点。

网线要求

EU 端 WLAN 透传口为百兆网口，要求采用直连型超五类线，线序为一一对应的，即两端都使用 568A 或者 568B 线序。

7.1.2　安装流程

多制式数字微功率全光分布系统的一般安装流程如图 7-5 所示。

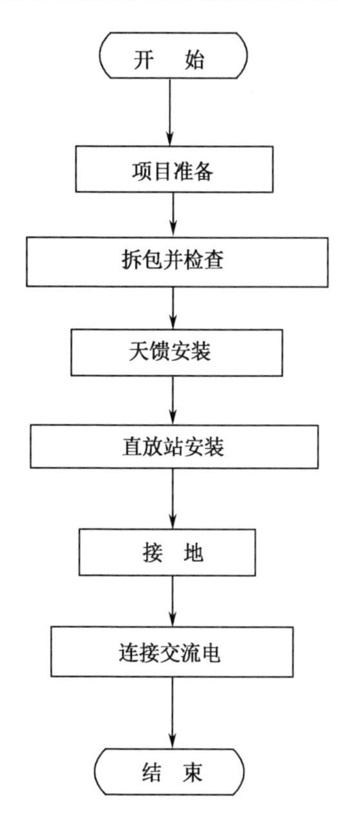

图 7-5　一般安装流程

7.1.3　工程准备

现场勘测

在安装之前，安装人员应和该工程负责人联系，了解安装站点是否具备装机条件，包括安装场所、铁塔或抱杆、周围环境（温度、湿度）、电源等，并明确基站的接口以及所使用的接头等重要信息。若发现条件不满足，应及时协商解决。

用户协作

技术人员应竭诚为设备安装和用户使用提供必要的技术支持。为了便于设备的正常运行和维护，需要用户方技术人员支持设备方工程技术人员，一起熟悉安装、构建、布线、调试步骤等，以便于日后的维护工作。

安装工具

安装工具包括（但不限于）：绳子、安全带、安全帽、电动冲击钻、锤子、滑轮、梯子、螺丝刀、钢锯、刀子、钳子、扳手、罗盘、卷尺、镊子、电烙铁、万用表、压线钳、无水乙醇、脱脂棉等。

开箱检查

在开箱之前，应按各包装箱上所附的货运清单点明总件数，观看包装箱外观是否完好。开箱过程中要注意轻拿轻放，保护物件的表面涂层。打开包装箱后，安装人员应先阅读技术文件、核实清单，根据配置表和装箱单清点物件是否齐全、完好，如图 7-6 所示；如果内部包装有破损，则要详细检查并记录。另外，收集好设备出厂测试报告、装箱单等资料，记录设备序列号和安装点位，为编制工程档案提供基础数据。

图 7-6　开箱检查现场

多制式数字微功率全光分布系统是贵重的电子系统设备，在运输过程中应有良好的包装及防水、防震动标志。在设备抵达用户指定安装地点时，要防止野蛮装卸，防止日晒雨淋。

7.2　近端单元安装

7.2.1　近端单元安装方式

近端单元（主单元）支持两种安装方式：挂墙安装、19 英寸（1 英寸=2.54 cm）标准机架内安装（简称机柜安装）。以下对这两种安装方式做简要说明。

挂墙安装方式

挂墙安装的步骤如下：

① 根据工程情况，选择设备横向或纵向挂墙。

② 将设备前部拉手拆下，转至中部安装，如图 7-7 所示。

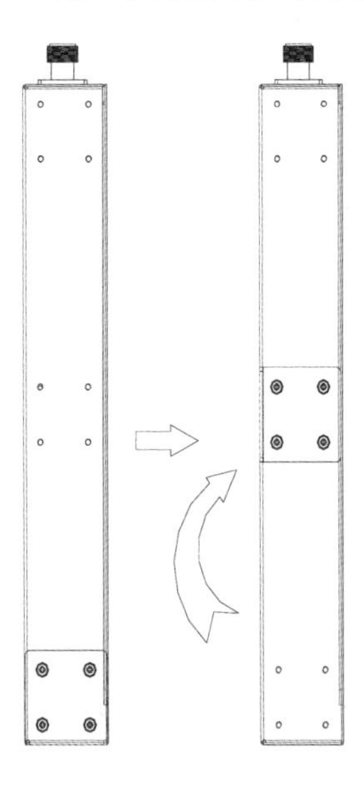

图 7-7　将拉手安装在中部

③ 用冲击电钻在墙面上按塑料膨胀栓外径尺寸钻出合适的 2 个孔，孔深约为 50 mm。钻孔位置可比照设备两侧圆孔，孔中心间距为 465 mm，如图 7-8 所示。

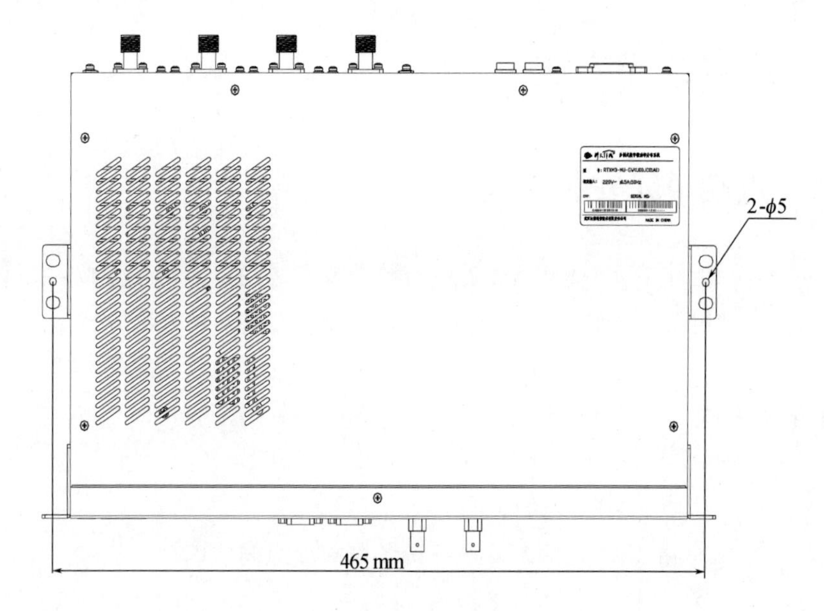

图 7-8　钻孔位置

④ 在孔内装入 2 个塑料膨胀栓（备用 1 个），保证尾端与墙面平齐。

⑤ 用配套 4×30 半圆头螺钉将设备固定拧入塑料膨胀栓内。

⑥ 检查设备是否已安装可靠。

此安装方式也适用于桥架安装。

机柜安装方式

机柜安装的步骤如下：

① 将标准 19 英寸机架固定好，打开机架前门；

② 将设备在滑轨上推入，每个直放站占用 1U 空间，如图 7-9 所示；

③ 用 4 枚 M6×16 专用螺钉将直放站固定紧；

④ 如遇机柜子框前面板接头与机柜门干涉，可将子框弯角向前调节 25 mm，如图 7-10 所示；

⑤ 打开机架后门，接好信号及电源线；

⑥ 关好前后门，设备安装完成。

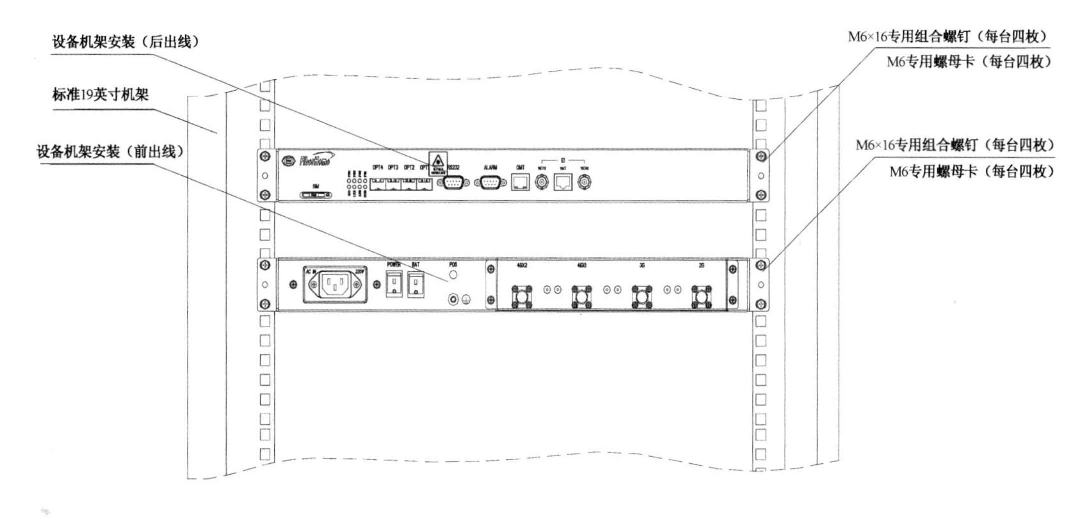

图 7-9　将设备在滑轨上推入

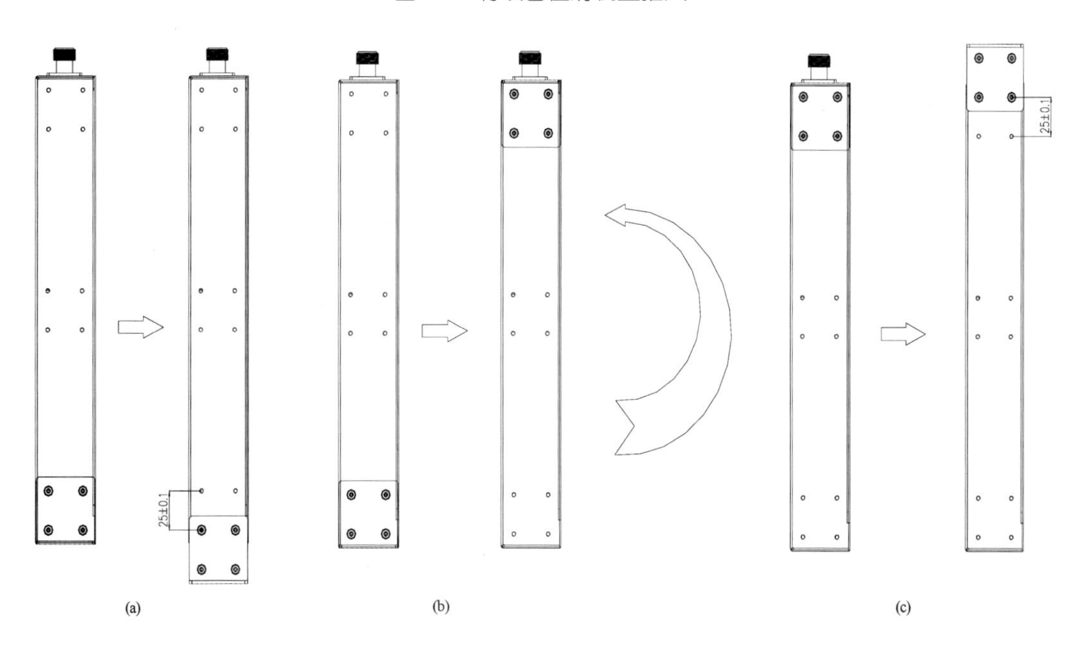

图 7-10　调节子框弯角

7.2.2 近端单元接口与连线

近端单元（主单元）接口与连线示意图如图 7-11 所示。

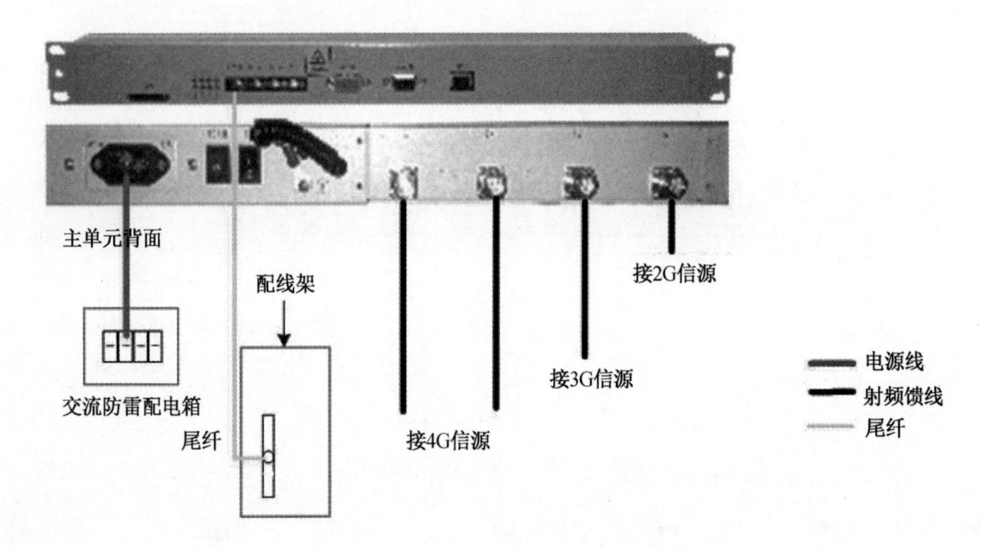

图 7-11　近端单元接口与连接示意图

具体接线方法如下：

① 需要根据基站天线发射方向确定信号耦合扇区。

② 将信源信号引入光纤分布系统。

③ 多制式数字微功率全光分布系统近端单元需要从 3 个基站耦合射频信号。首先需要局方人员配合，关闭基站或某扇区，将耦合器接入机顶，确保无误后再开启基站。耦合信号选取的原则是取 RTTX-多制式数字微功率全光分布系统所在方向的一个扇区信号。

④ 耦合基站信号后，分别将 GSM、TD-SCDMA、LTE 输入信号接入近端单元背面相应的射频口（2G、3G、4G 射频口）。

⑤ 近端单元正面 OMT 网口用于调测设置，射频信号转光信号后通过 OPT1～OPT4 光口连接至扩展单元。耦合器有 3 个接头（直通端输入、直通端输出和耦合端），为 N（F）头或 DIN 头（专用基站耦合器），实际安装时有 3 种情况：

- 将耦合器直通端输入口靠近BVTS方向插入BTS机顶跳线与避雷器接头之间，耦合端接设备一般要用DIN（L29）-N转接器2只。
- 将耦合器直通端输入口靠近BTS方插入BTS机顶输出与跳线之间。如果BTS输出为DIN（L29）型接头，则需要DIN（L29）-N转接器2只；如果BTS输出为N型接头，则需要N型双阳头转接头1只。
- 在用专用基站耦合器连接时，如果BTS输出为DIN（L29）型接头，则直接将原来接头松开，接上耦合器再接跳线；如果BTS输出为N型接头，则需要N-DIN（L29）转接器2只。

完成安装后的设备（近端单元）如图7-12所示。

（a）挂墙安装

（b）机柜安装

图7-12　完成安装后的设备

7.3　扩展单元安装

7.3.1　扩展单元安装方式

挂墙安装方式

挂墙安装的步骤如下：

① 根据工程情况，选择设备横向挂墙。

② 用冲击电钻在墙面上按塑料膨胀栓外径尺寸钻出合适的 2 个孔，孔深约为 50 mm。注意：钻孔位置可比照设备两侧圆孔，孔中心间距为 465 mm，如图 7-13 所示。

③ 在孔内装入 2 个塑料膨胀栓（备用 1 个），保证尾端与墙面平齐。

④ 用配套 4×30 半圆头螺钉将设备固定拧入塑料膨胀栓内。

⑤ 检查设备是否已安装可靠。

此安装方式也适用于桥架安装。

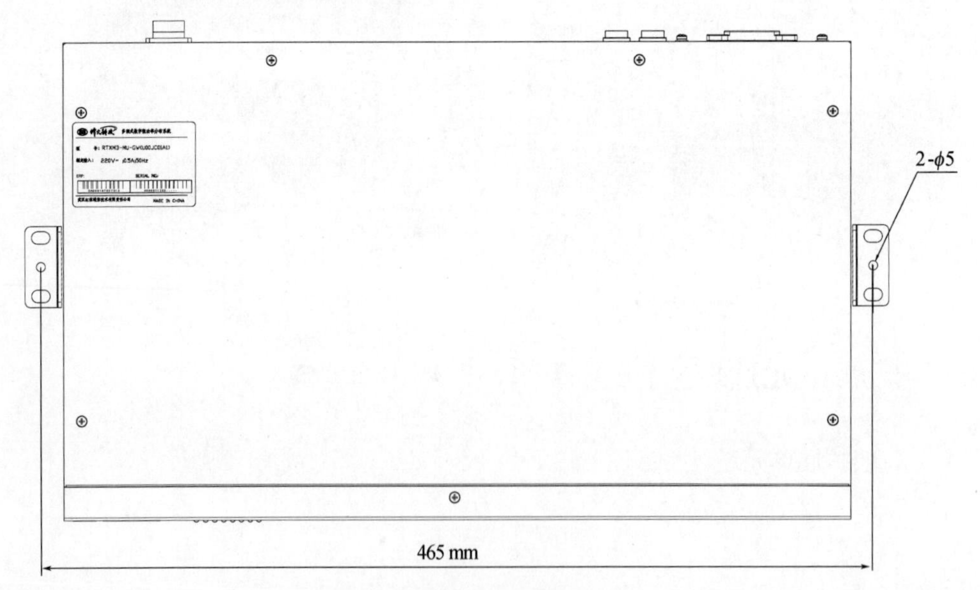

图 7-13　钻孔位置

机柜安装方式

机柜安装的步骤如下：

① 将标准 19 英寸机架固定好，打开机架前门；

② 将设备在滑轨上推入，每个直放站占用 1U 空间，如图 7-14 所示；

③ 用 4 枚 M6×16 专用螺钉将直放站固定紧；

④ 如果需要将后面板朝向机柜前出线，可将子框弯角拆下，然后安装在子框的后面板上；

⑤ 打开机架后门，接好信号及电源线；

⑥ 关好前后门，设备安装完成。

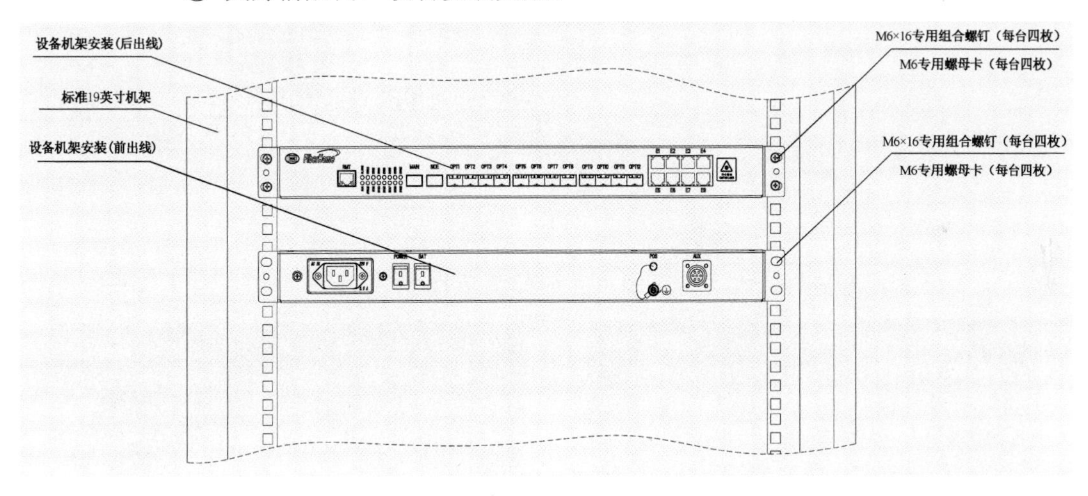

图 7-14　推入设备

7.3.2　扩展单元连线和安装效果

扩展单元连线示意图如图 7-15 所示。

具体接口方法如下：

➢ 将近端单元过来的光信号，按照要求接入扩展单元的 MAIN 口；

➢ 各路以太网数据，通过网线接入扩展单元正面板上相应的 E1~E8 口；

> ➢ 扩展单元正面板上相应的 OPT1~OPT12 口将信号传输至 RU，其中 E1~E8 接入的以太网数据，分别对应于 OPT1~OPT8 传输；

> ➢ 通过扩展单元正面调测软件口来调测扩展单元，使用调测软件调测软件。

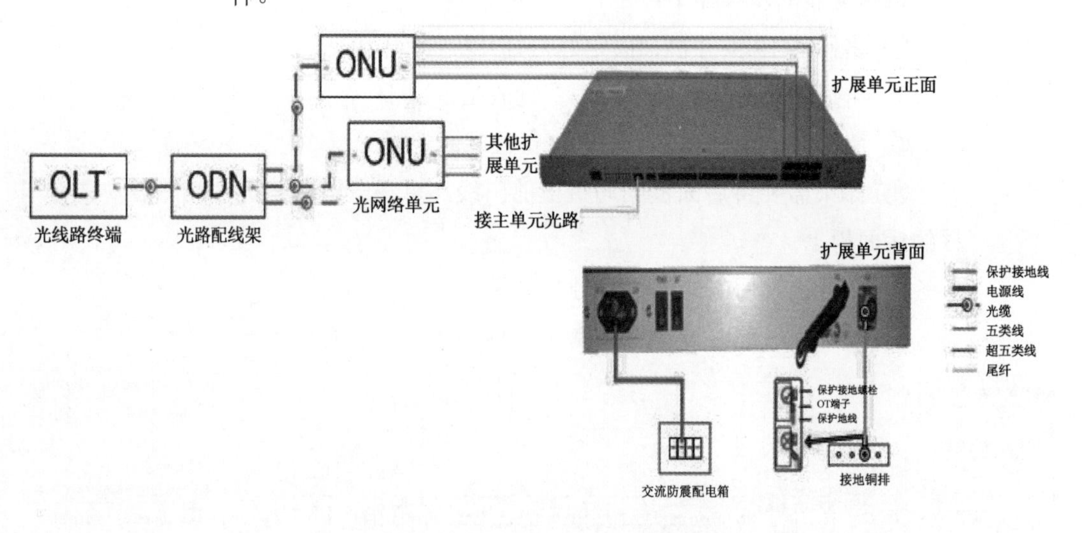

图 7-15　扩展单元连线示意图

完成安装后的设备（扩展单元）如图 7-16 所示。

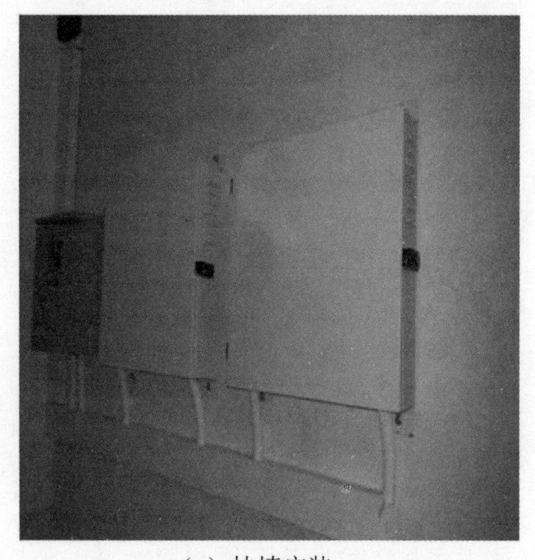

（a）挂墙安装

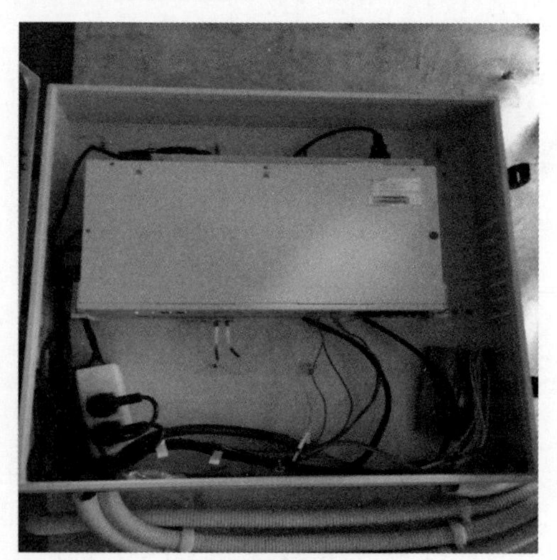

（b）机柜安装

图 7-16　完成安装后的扩展单元

7.4　远端单元安装

全光分布系统远端单元一般采用挂墙安装方式进行安装，具体步骤如下：

① 用 2 枚 M6×65 膨胀螺栓将多制式数字全光分布支架按图 7-17 所示方向固定在垂直墙面上；

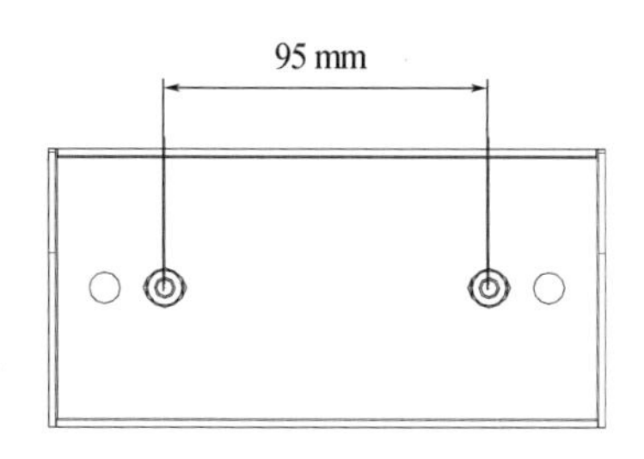

图 7-17　挂墙钻孔示意图

② 用4个三组合螺钉 M5×16将全光多制式数字全光分布挂架安装在机箱上；

③ 用三组合螺钉 M6×20，装上 2 个挂钉，如图 7-18 中 A 处所示；

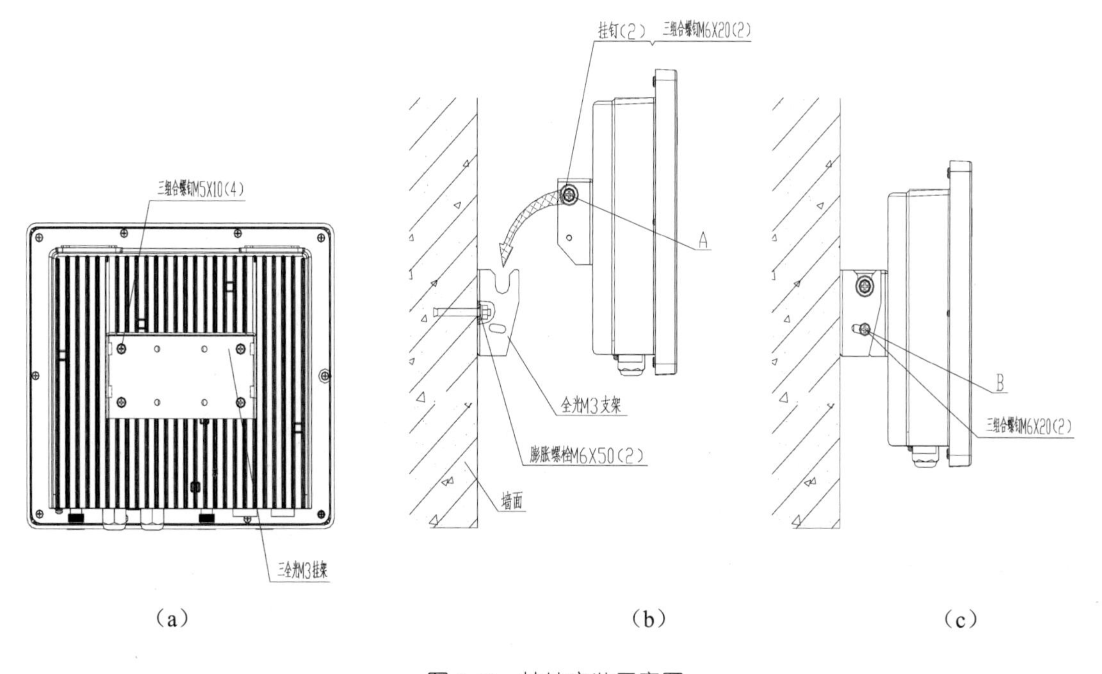

图 7-18　挂墙安装示意图

④ 将设备通过挂钉挂在多制式数字全光分布系统支架上，调节好设备角度，锁紧图 7-18 中 B 处位置 2 个三组合螺钉 M6×20；

⑤ 按工程要求，接入信号及电源，安装完成。

完成安装后的远端单元如图 7-19 所示。

(a)

(b)

图 7-19　完成安装的远端单元

7.5　电源和接地

7.5.1　主单元和扩展单元的电源和接地端口

主单元（近端单元）和扩展单元的电源和接地端口如图 7-20 所示。

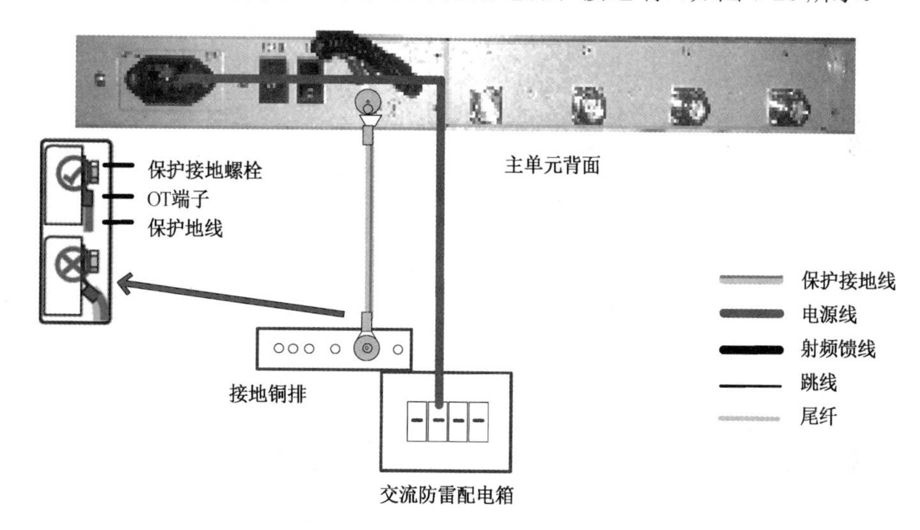

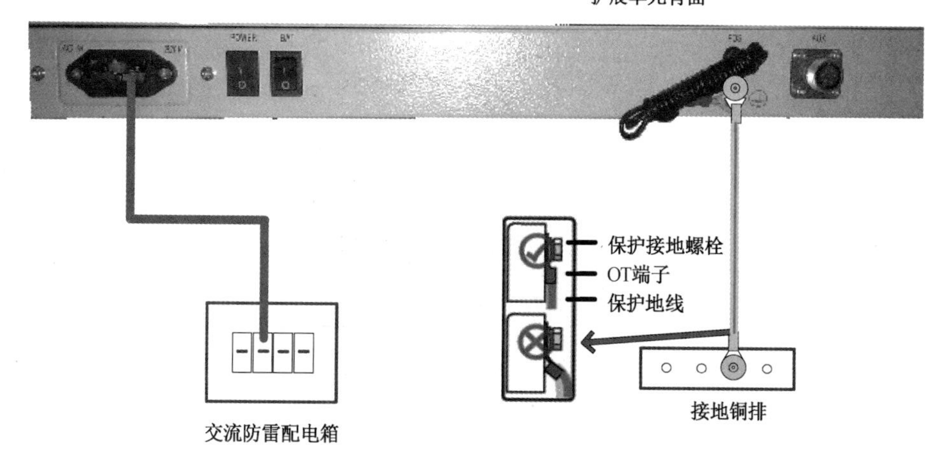

图 7-20　主单元和扩展单元的电源和接地端口

7.5.2 电源连接

电源连接的要求如下：

- 提供给设备的电源必须稳定，交流电电压允许波动范围为190～240 V；当使用电网电压不稳定的电源时，要求增加稳压装置。
- 设备的输入电源，必须火线、零线、地线相对应连接，芯线间的绝缘电阻和芯线与地之间的绝缘电阻均不小于1 MΩ;
- 交流220 V供电电源线采用2.5 mm×3的橡胶皮包缆线。
- 连至主机的电源线不能和其他电缆捆扎在一起。
- 电源走线要加套 PVC 管，走线要平直/垂直、美观。
- 电源线如遇穿墙走线，穿墙部分必须加套 PVC 管或波纹管加以保护，穿墙孔/口必须用防火泥加以密封。
- 电源线加套 PVC 管水平/垂直布线的固定间距为1 m，在100×40的线槽内布线的间距为0.3 m。
- 设备至配电箱的电源线可截断，无须使用插头，线头直接接于漏电保护开关上。当电源线不够长时，可以驳线，但火线、零线、地线必须错位驳接，并用锡焊焊接，焊接处先用电工胶布包裹后，再用热缩套管封固。
- 设备必须安装配电箱，配电箱安装位置应符合设计要求，也可安装在用户指定位置，但必须置于不易触摸或不易被破坏的地方。电表、电源插座、电源保护开关等均置于配电箱内的专用位置。
- 连接电源时，必须做好安全防护工作，以保证人身的绝对安全。

7.5.3 设备接地

地线走线

地线走线的要求如下：

- 地线必须加套 PVC 管或加装线槽，走线要平直/垂直、美观。
- 地线如遇穿墙走线，穿墙部分必须加套 PVC 管或波纹管加以保护，穿墙孔/口必须用防火泥加以密封。

- 地线严禁走 90° 直角，曲率半径应大于 130 mm。
- 室内设备保护地线禁止接至室外楼顶等高处避雷网带上。
- 加套 PVC 管的地线，其固定原则与射频走线相同。加装线槽时，线槽固定间距为 0.3 m。

地线连接

地线连接的要求如下：

- 设备之间、施主/用户馈线、施主/用户天线架与接地线排的连接地线为子地线，用 16 mm 的铜芯橡胶皮包线连接。
- 接地排至地网或室外施主天线支架直接至地网的连接地线为母地线，用 35 mm 的护导线连接。
- 子地线与设备箱接地柱的连接用 60 A 线耳。
- 子地线与施主/用户天线架、接地排的连接用 200 A 线耳。
- 母地线与接地排、地网的连接用 300 A 线耳。
- 馈线上的接地点直接用防水胶泥密封，再用电工胶布包裹，接地排或地网上的接地点必须加黄油做防水、防锈处理。

避雷处理

室外设备必须做防雷处理，具体要求如下：

- 所有室外设备输入、输出端必须接避雷器，所有室外直放站必须做好三点接地；对于雷击量大的区域，建议增装防雷箱。
- 避雷接地线要求顺着下行的方向进行接地，不允许向上走线，以利于瞬间电流快速导入大地。
- 为了减小避雷接地线的电感，要求接地线的弯曲角度大于 90°，曲率半径大于 130 mm。

- 设备保护地、馈线、室外天线支撑件的接地点应分开，每个接地点要求接触良好，不得有松动现象，并做防氧化处理（加防锈漆、银粉等）和防水防腐处理。
- 所有接地网的接地电阻应小于 5 Ω；年雷暴日小于 20 天的地区，其接地电阻小于 10 Ω。

第8章 多制式数字全光分布系统开通调测

8.1 设备联机

8.1.1 调测软件介绍

全光分布系统本地调测软件（简称调测软件），是一款用于直放站（包括模拟、数字直放站）的专用调测工具。由于用户使用复杂的直放站网管监控协议与直放站设备进行通信，为了提供设备调试的基本人机接口，简化操作，提高效率，因而开发了此调测工具。该软件支持多种通信方式，包括串口、点对点短信、IP和GPRS等通信方式，通信方式可由用户灵活选取；该软件还支持多种通信方式并发通信，能将通信的原始信息详细打印，通信信息还可保存成日志文件供分析之用。

调测软件面向生产调测工程师、工程开通工程师和维护工程师，详细内容可参阅其产品资料。

8.1.2　调试准备

准备联通所需的网线或串口线，通常情况下使用网线，采用直放站调测工具（调测软件）中文版。若为 XP 系统，则需安装调测软件运行所需的框架程序 dotnetfx2.0.exe 和 NetFx20SP2_x86.exe，如图 8-1 所示；Windows 7 系统则可直接打开调测软件进行联机。

图 8-1　框架程序图标

8.1.3　调试流程

调试流程如图 8-2 所示。

8.1.4　联机操作

设备联机的方式一般分为有线 UDP 联机和串口联机两种。

MU 和 EU 设备联机

以下介绍使用调测软件对近端单元（MU，主单元）进行的操作，包括调测软件的“有线 UDP”方式和“串口”方式的操作。

有线 UDP 方式

① 先将电脑 IP 地址设在设备 IP 地址同一网段上。例如，设备 IP 为 192.168.126.183，电脑 IP 就设为 192.168.126.XXX（除 183 外，1~254 任意数字）。

其中，设备 IP 地址通常以标签的形式贴于设备面板上。如未贴标签，则使用默认 IP 地址：MU，192.168.0.10；EU，192.168.0.19；RU，172.21.1.126。

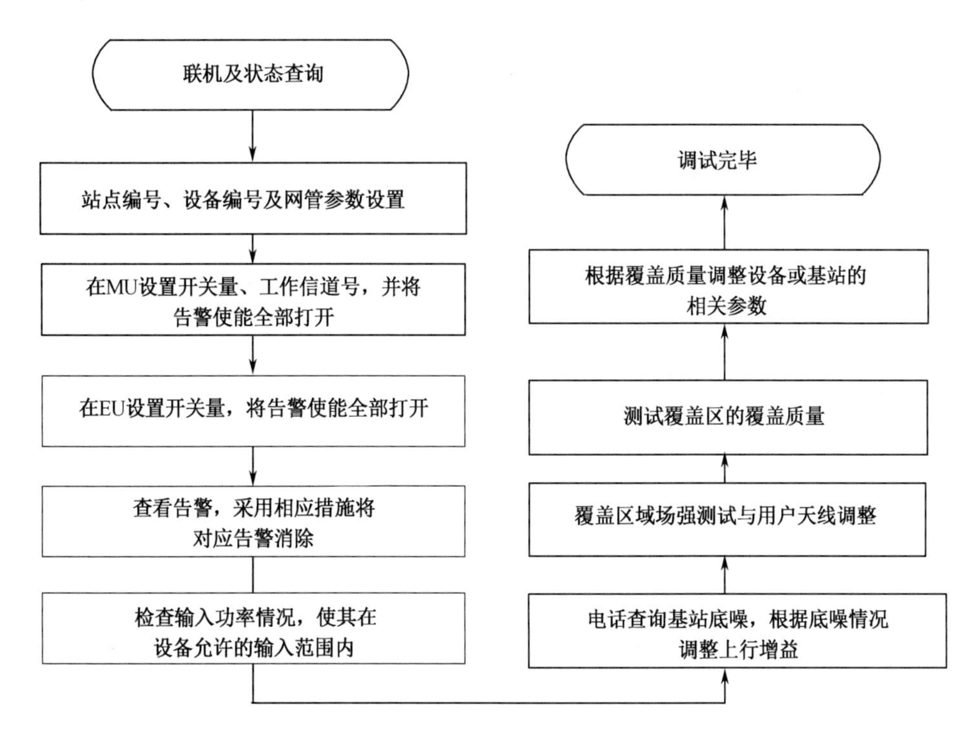

图 8-2　调试流程

② 连接上网线后，电脑显示网络已经连接。

③ 用网线连接电脑和近端单元（MU）的 OMT 口，在电脑上打开直放站调测软件，单击“配置”图标，如图 8-3 所示。在弹出的对话框中进行“自动联机通信方式”的配置，如图 8-4 所示。

图 8-3　单击“配置”图标（一）

具体设置如下：

- 通信方式：有线 UDP；
- 超时选择：5 s；
- 设备 IP：192.168.0.10（设备 IP 以实际面板粘贴 IP 为准）；
- 设备端口：3030；
- 本地 IP：192.168.0.***；
- 本地端口：3050。

说明：设备端口固定为 3030，本地端口只要没被占用均可设置。本地 IP 需设置为与设备 IP 在同一个网段。

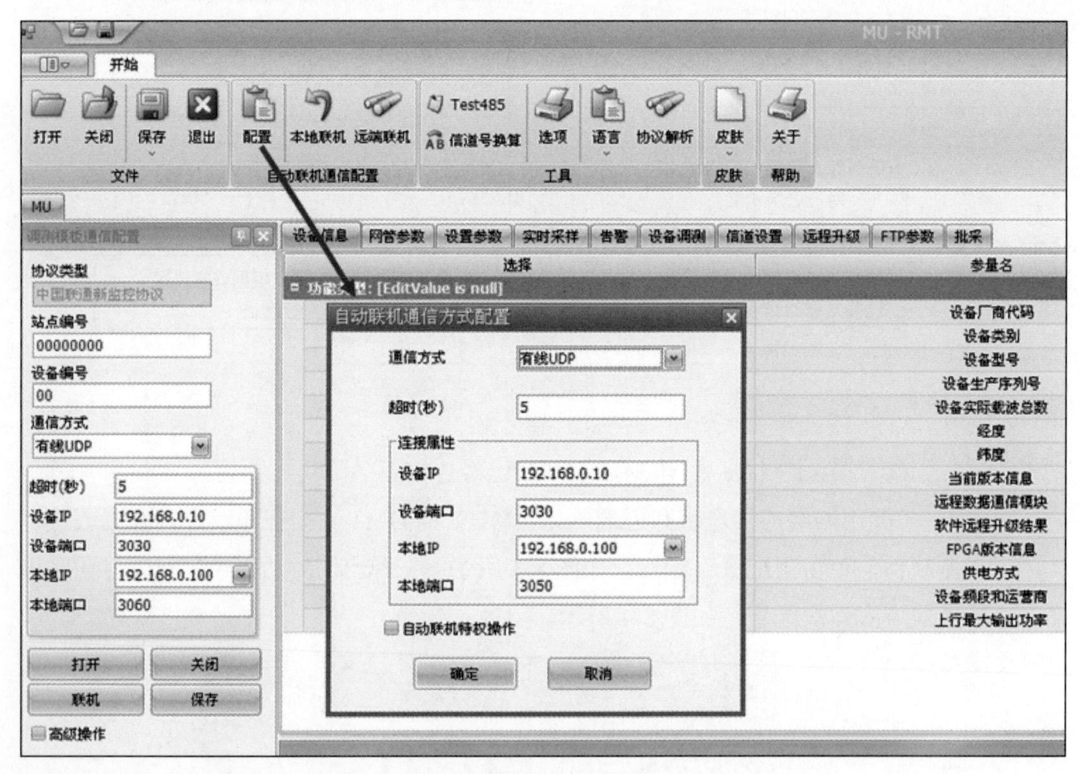

图 8-4　自动联机通信方式配置（一）

④ 单击 确定 按钮后回到主界面，再单击 本地联机 图标，联机成功后的界面如图 8-5 所示。

⑤ 单击 查询 按钮查询主单元 MU 的基本信息（如图 8-6 所示），显

示查询设备监控参数成功。

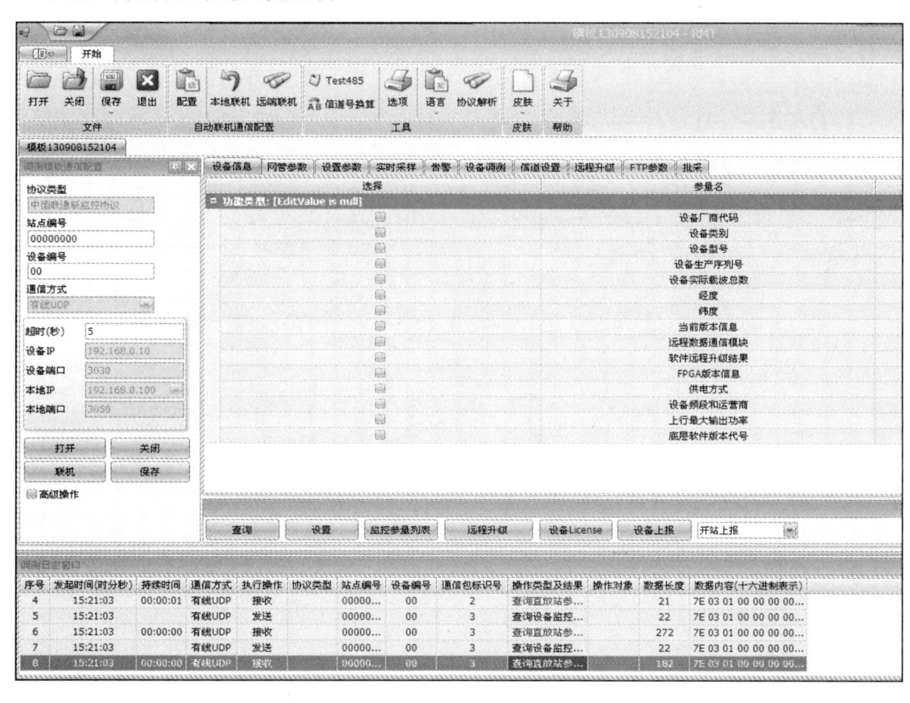

图 8-5 联机成功后的界面（一）

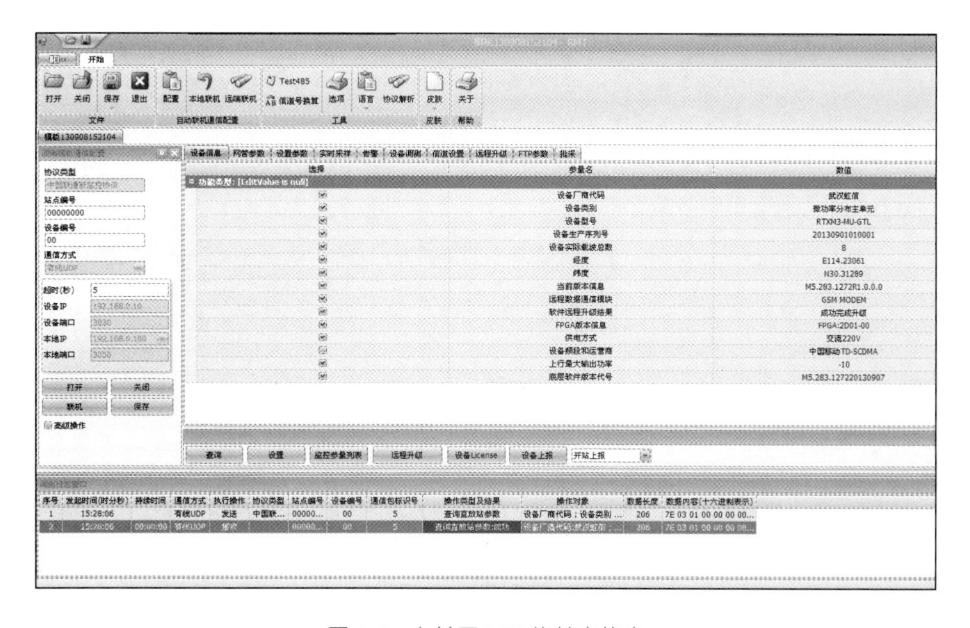

图 8-6 主单元 MU 的基本信息

此时，即可使用调测软件对设备进行调测。

串口方式

① 用串口线（一般用交叉串口线，当交叉线无法联通设备时，可尝试用直连串口线）连接电脑和主单元 MU 的 RS232 口，在电脑上打开直放站调测软件，单击“配置”图标（如图 8-7 所示），在弹出的对话框中进行“自动联机通信方式”的配置，如图 8-8 所示。

图 8-7　单击“配置”图标（二）

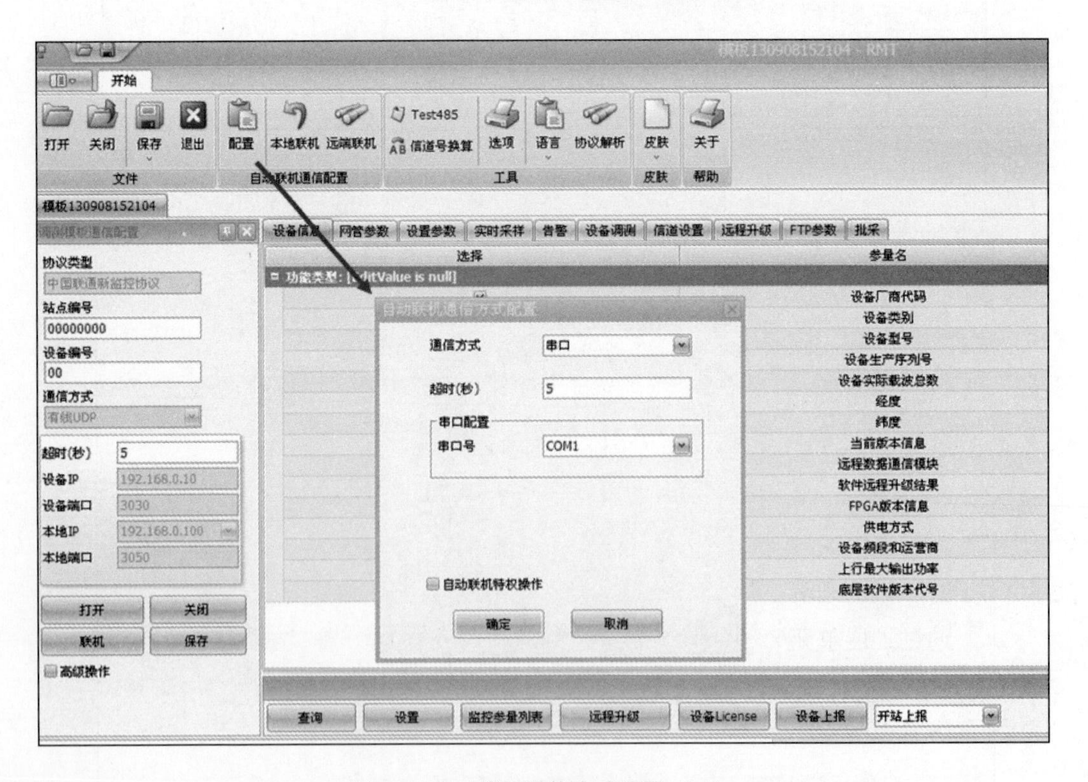

图 8-8　自动联机通信方式配置（二）

具体设置如下：

- ➢ 通信方式：串口；
- ➢ 超时选择：5 s；
- ➢ 串口号：选择电脑与设备连接的串口。

② 单击 确定 按钮后回到主界面，再单击 本地联机 图标，联机成功后界面如图 8-9 所示。

图 8-9　联机成功后的界面（二）

通过 MU 和 EU 测试远端 RU 的联机操作

调测远端单元（RU）时，可以通过近端单元（MU）来查询和设置，也可以通过扩展单元（EU）与本地联机来调测。通过 MU 来调测远端 RU，主要是用网线直连 MU，通过远端联机至扩展单元（EU），在 EU 监控参量中调测远端 RU。

联机操作步骤如下：

① 有线 UDP 方式，将 MU 本地联机成功；

② 在不改变“配置”设置下，直接单击“远端联机”图标，在弹出的对话

框中选择“联机方式二”（如图 8-10 所示），并且合理设置远端个数（例如：图 8-10 中远端个数为 5，则监控软件从远端编号为 1 开始联机，一直联机到编号为 5）。

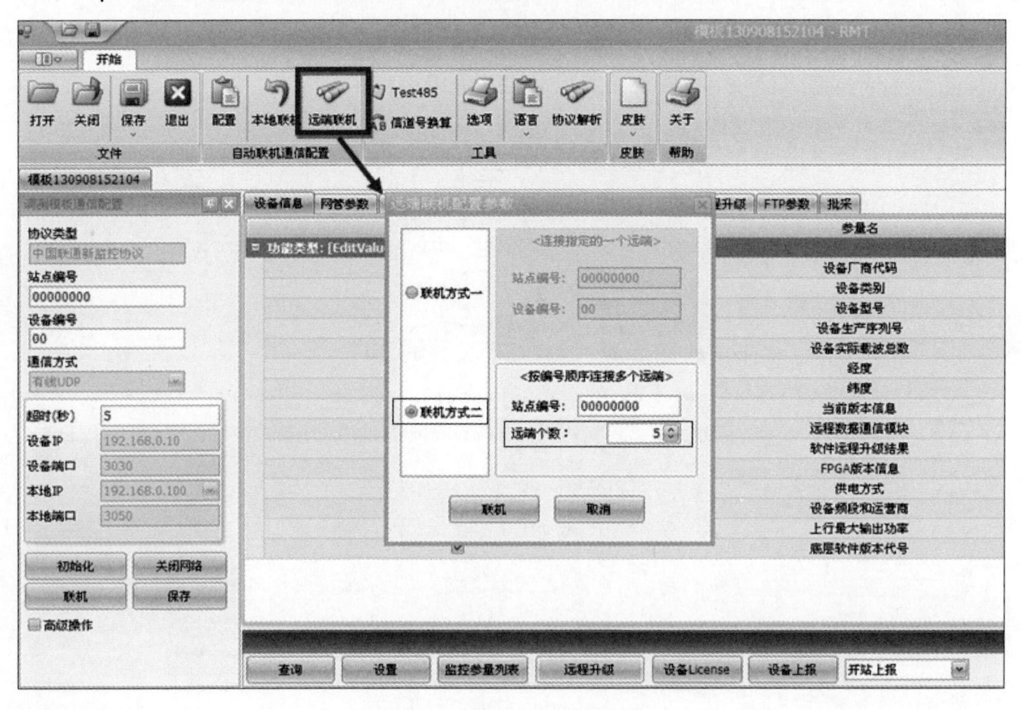

图 8-10　远端联机配置界面

③ 若知道 EU 的站点编号和设备编号，则选择“联机方式一”。本例中 MU 只连接了一个 EU，且知道该 EU 的设备编号为 03，则在上述远端联机中，选择“联机方式一”，且设备编号设为 03（如图 8-11 所示），再单击 联机 按钮，完成 EU 远端联机。

图 8-11　远端联机设置

通过扩展单元（EU）来调测远端 RU，主要是用网线直连 EU，通过 EU 本地联机，在本地联机监控参量中调测远端 RU。联机操作步骤如下：

① 用网线连接电脑和 EU 端的调测软件网口，在电脑上打开调测软件，单击

"配置"图标，如图 8-12 所示。在弹出的对话框中进行"自动联机通信方式"的配置，如图 8-13 所示。

图 8-12　单击"配置"图标（三）

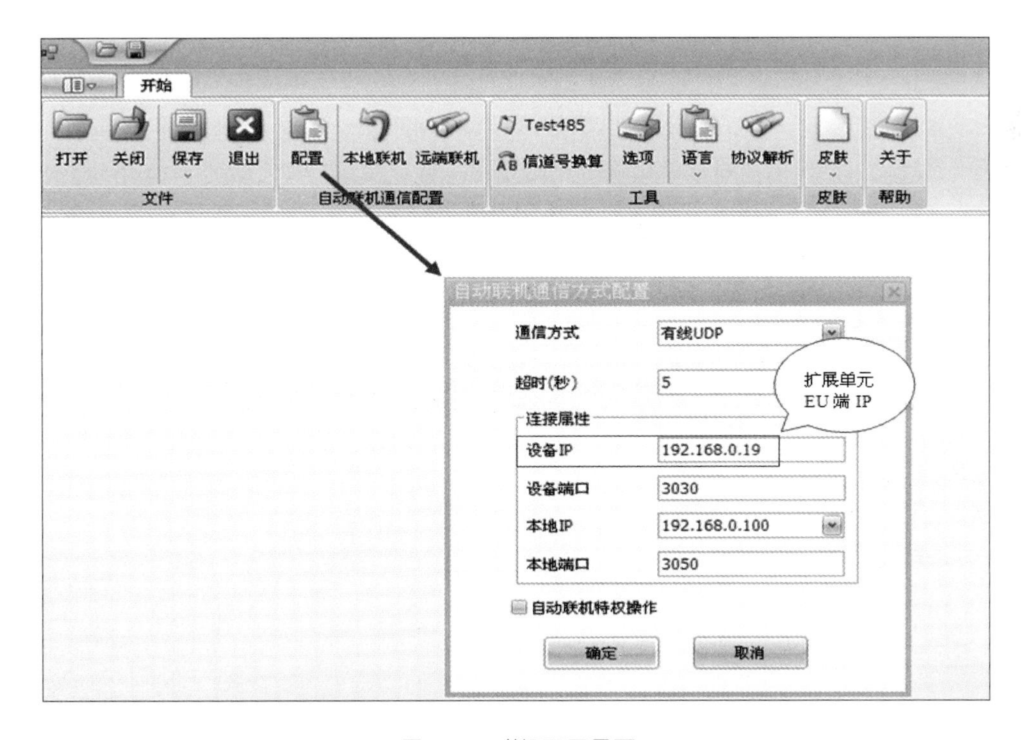

图 8-13　联机配置界面

具体设置如下：

➢ 通信方式：有线 UDP；
➢ 超时选择：5 s；
➢ 设备 IP：192.168.0.19（以实际 EU 端 IP 为准）；
➢ 设备端口：3030；
➢ 本地 IP：192.168.0.***（与设备 IP 在同一网段）；

➢　本地端口：3080。

说明：设备端口固定为3030，本地端口只要没被占用，均可设置。

② 上述配置完成后，单击 本地联机 图标，即完成扩展单元（EU）的本地联机。完成上述联机后显示的参量即为EU端参量，此时可直接在该参量中调测用户单元RU。

RU 设备联机

用户单元 RU 只能用 MTT 软件进行调测。用网线连接电脑和用户单元 RU 端 OMT 口，在电脑上打开模块调测工具（MTT）：在窗口左上角单击“打开调测模板”，在弹出的对话框中选择“微功率一体化模块”项（如图 8-14 所示）；单击“打开”按钮，打开模块调测工具（MTT）窗口。

图 8-14　选择“微功率一体化模块”项

在 MTT 窗口中，设置“调测模板通信配置”，如图 8-15 所示。

模块调测工具(MTT)
文件(F)　通讯(C)　视图(V)　工具(T)　帮助(H)
打开调测模板　保存调测模板　皮肤 Caramel
设备类型模板
详细信息
移动
联通
GSM
CDMA
WCDMA
电信
其它
微功率一体化模块
设备信息　网管参数　设置参数　实时采样　信道

选择	参量名	当前值	设置值
☐	DCS下行ATT		
☐	WCDMA下行ATT		
☐	GSM上行预增值		
☐	DCS上行预增值		
☐	WCDMA上行预增值		
☑	GSM下行预增值		5
☐	DCS下行预增值		
☐	WCDMA下行预增值		
⊟ 功能类型：门限			
☐	上行噪声抑制门限		
☐	上行噪声抑制门限修正值		
☐	下行输入欠功率告警	---	

查询　设置　监控参量列表　远程升级　协议自动测试
设备上报　开站上报　定时查询　3　批量采集

调测模板通信配置
协议类型：多制式模块监控协议
模块类型：微功率数字一体...
模块地址：0
通信方式：有线UDP
超时(秒)：5
设备IP：172.21.1.126
设备端口：5000
本地IP：172.21.1.67
本地端口：3040
初始化　关闭网络　保存

调测日志窗口

序号	发起时间(时分秒)	持续时间	执行操作	模块功能	模块地址	操作类型及结果	操作对
1	20:25:36		发送	微功率数字一体化模块	00	设置直放站参数	GSM下行预
2	20:25:41	00:00:05		微功率数字一体化模块	00	设置直放站参数:设备应答超时	GSM下行预
3	20:25:43		发送	微功率数字一体化模块	00	查询直放站参数	GSM下行预
4	20:25:48	00:00:05		微功率数字一体化模块	00	查询直放站参数:设备应答超时	GSM下行预

未联机　有线UDP　172.21.1.126　开关　TX　RX

图 8-15　“调试模板通信配置”设置

具体设置如下：

- 通信方式：有线 UDP；
- 超时选择：5 s；
- 设备 IP：172.21.1.126（每个设备的 IP 和端口号都已固化在程序中）；
- 设备端口：5000；
- 本地 IP：172.21.1.XXX（与设备 IP 同一网段）；
- 本地端口：3040。

配置完成后，选择“初始化”→“保存”。在“设备信息”选项卡中选中部分参量，然后单击“查询”按钮。查询成功后，即可进行后续调试；如果查询不成功，则检查配置是否正确。

8.1.5 站点/设备编号设置

站点/设备编号设置界面如图 8-16 所示。

① 站点编号在同一个监控网中具有唯一性，可在“网管参数”→“站点编号”中设置。同一系统内所有 MU 和 EU 设备的站点编号相同。

② 设备编号指同系统内 MU 和 EU 的编号，在“网管参数”→“设备编号”中设置。

③ MU 设备编号为 00，所有 EU 建议按两位自然序列编号，如 01, 02, 03…。MU 的有效“远端个数”必须与 EU 的数量一样。

④ EU 设备编号在同一 MU 系统中应保证唯一性，否则会导致 MU 不能与 EU 联机。

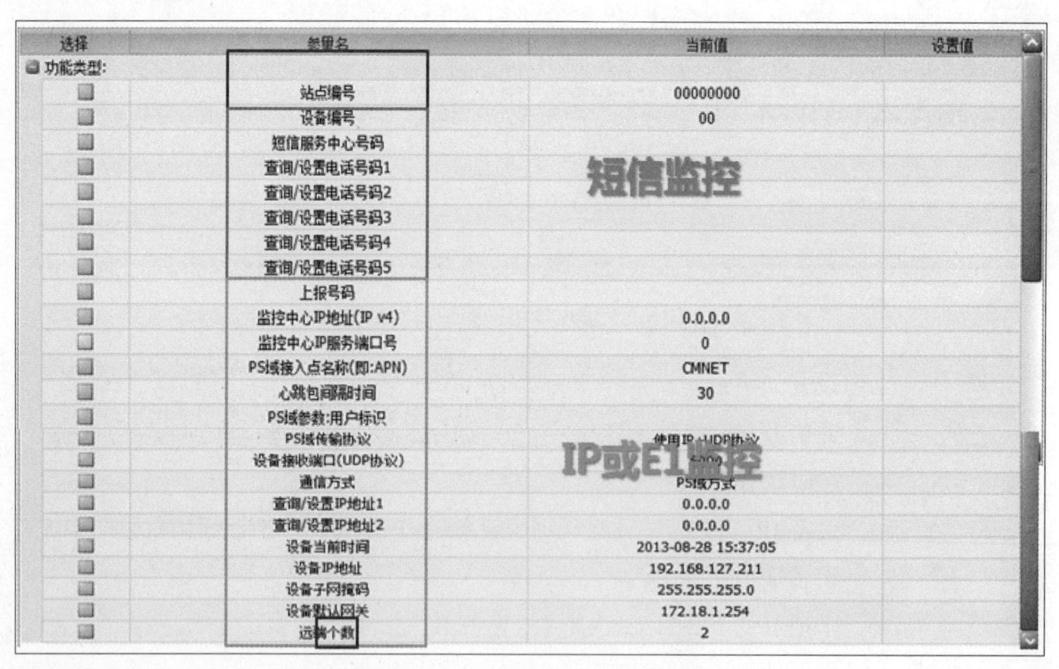

图 8-16　站点/设置编号设置界面

8.1.6　MU 参数设置

可根据入口电平值来合理设置各通道的上下行衰减，如图 8-17 所示。另外，“主从近端配置”默认设为“常规近端”（如图 8-18 所示）；如果设置为“从近端”，则此近端不上报告警。

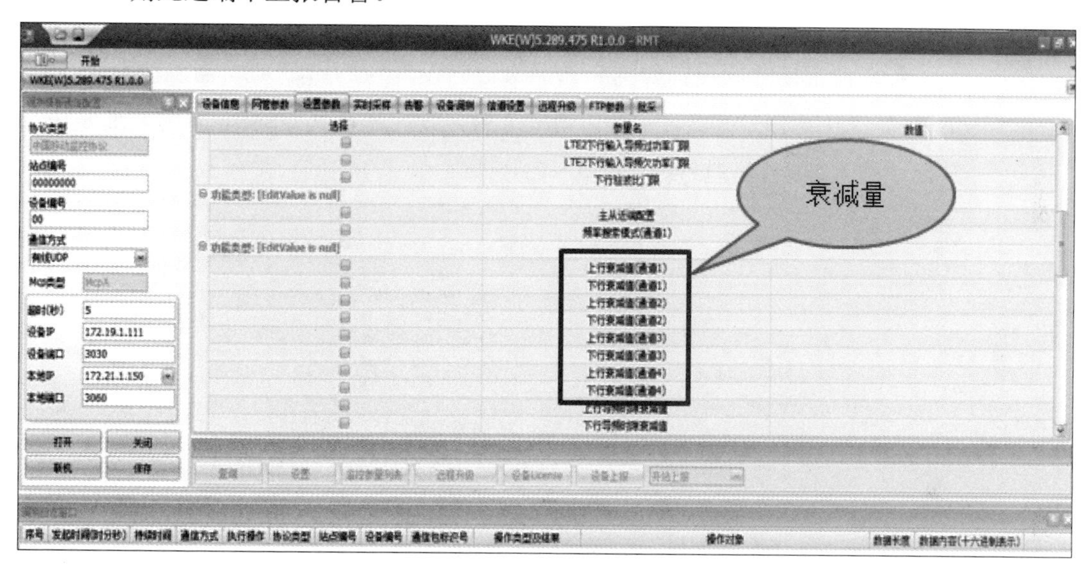

图 8-17　上下行衰减设置

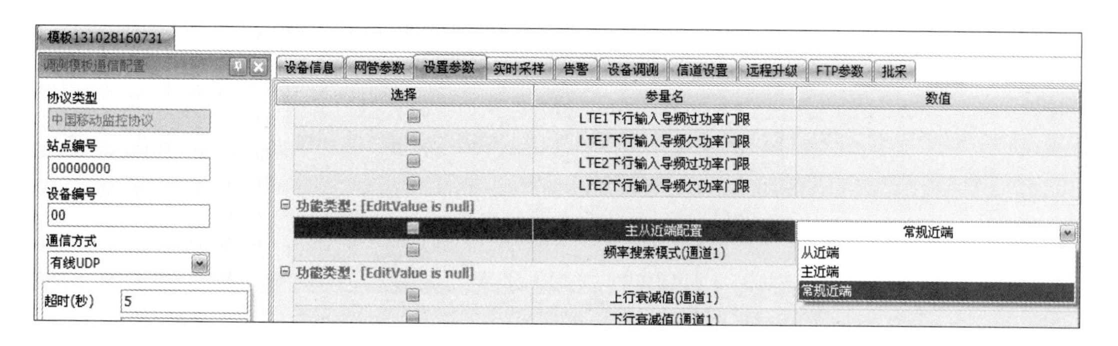

图 8-18　“主从近端配置”设置界面

8.2　产品开通调测

本节以国内某运营商为例，介绍各制式开通流程及参数设置。

8.2.1　GSM 网络制式设置

频率搜索模式的设置如图 8-19 所示。当设置为“手动”时，需手动设置 GSM 信道号（MU、EU）；当设置为“自动”时，则无法设置 GSM 信道号，而是由系统自动搜索 GSM 信道号，需要 1～2 分钟。

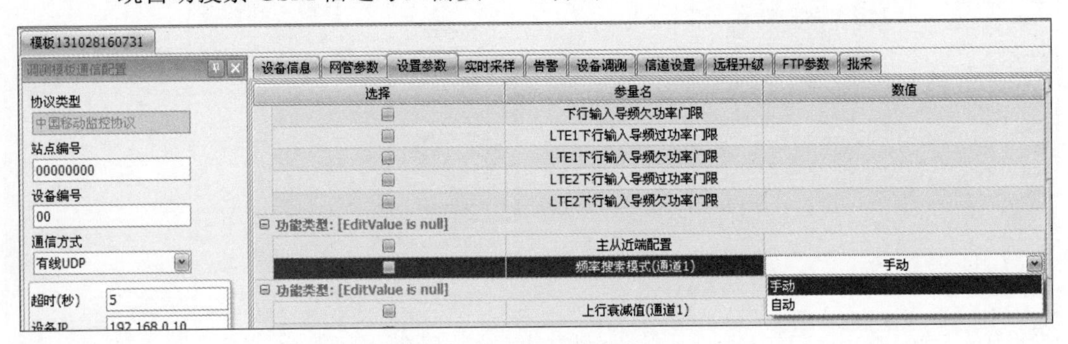

图 8-19　频率搜索模式的设置

另外，频率搜索模式设置为“手动”时，MU 和 EU 的信道号顺序，其数值必须一致，如图 8-20 所示。

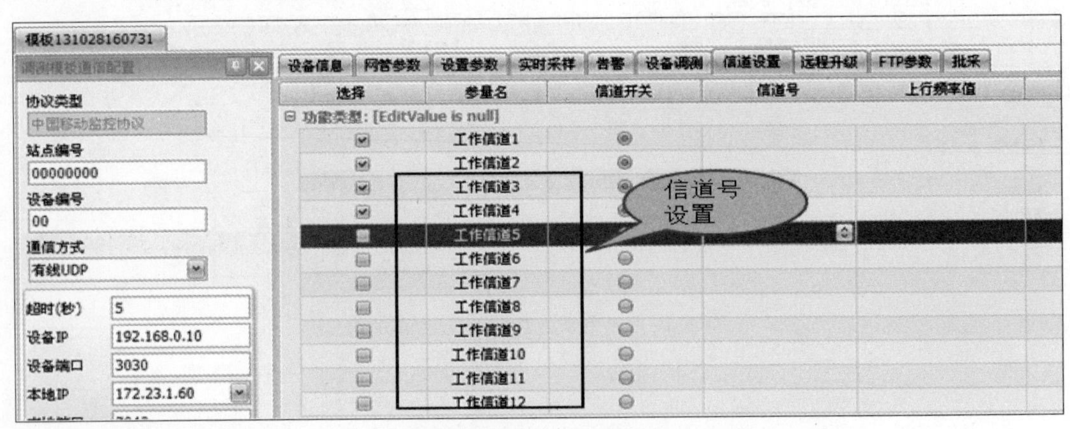

图 8-20　信道号设置界面

8.2.2　TD–SCDMA 网络制式设置

现网 TD-SCDMA 的时隙转换点为 2，MU、EU 必须保持一致，如图 8-21 所示。

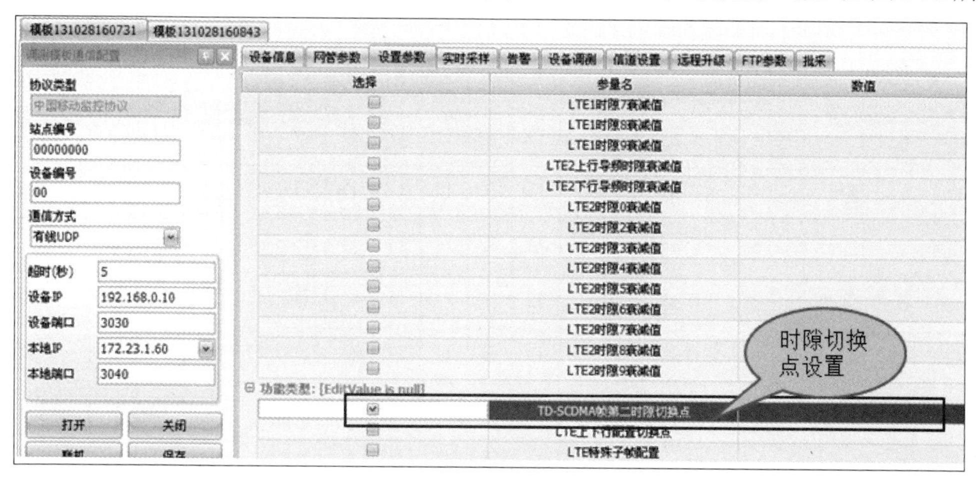

图 8-21　时隙切换点设置

8.2.3　TD–LTE 网络制式设置

① LTE 上下行配置切换点和特殊子帧（如图 8-22 所示）的现网设置分别设为 2 和 7，MU、EU 必须保持一致。

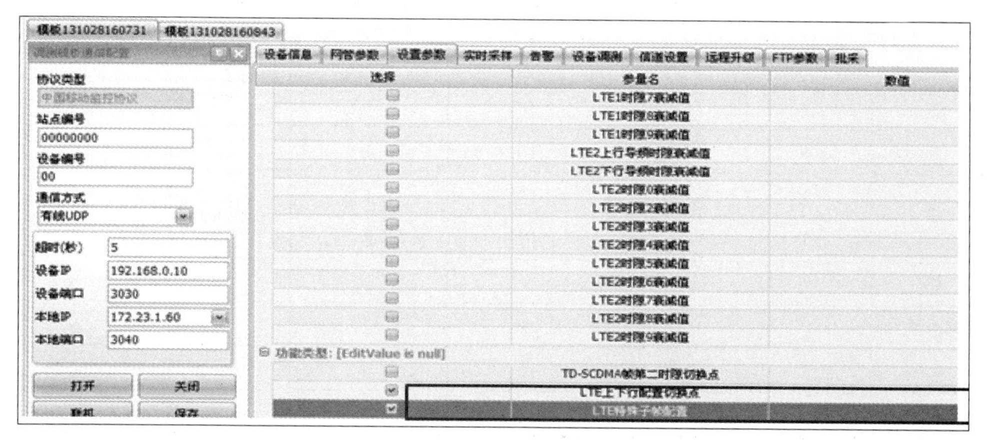

图 8-22　设置 LTE 上下行配置切换点和特殊子帧

② TD-LTE制式上下行子帧配比和特殊时隙配比分别如表8-1和表8-2所示。

表 8-1 上下行子帧配比

Uplink-downlink	Downlink-to-Uplink	子帧数										子帧配置（下行：上行）
设置值	Switch-point periodicity	0	1	2	3	4	5	6	7	8	9	
0	5 ms	D	S	U	U	U	D	S	U	U	U	1:3
1	5 ms	D	S	U	U	D	D	S	U	U	D	2:2
2	5 ms	D	S	U	D	D	D	S	U	D	D	3:1
3	10 ms	D	S	U	U	U	D	D	D	D	D	2:1
4	10 ms	D	S	U	U	D	D	D	D	D	D	7:2
5	10 ms	D	S	U	D	D	D	D	D	D	D	8:1
6	10 ms	D	S	U	U	U	D	S	U	U	D	3:5

表 8-2 特殊时隙配比

特殊子帧设置值	常规CP下特殊时隙的长度/符号			扩展CP下特殊时隙的长度/符号		
	UpPTS	GP	DwPTS	UpPTS	GP	DwPTS
0	1	10	3	1	8	3
1	1	4	9	1	3	8
2	1	3	10	1	2	9
3	1	2	11	1	1	10
4	1	1	12	2	7	3
5	2	9	3	2	2	8
6	2	3	9	2	1	9
7	2	2	10	--	--	--
8	2	1	11	--	--	--

③ LTE 信道号与频率换算关系为：

$$工作频带中心频率值=2300+0.1\times（信道号设置值-38650） \tag{8-1a}$$

或者

$$信道号设置值=10\times工作频带中心频率值+15650 \tag{8-1b}$$

MU、EU 必须设置为一致（如图 8-23 所示）。

图 8-23　LTE 信道号设置

④ EU 参数设置：确保设置参数页面中远端射频通道开关均打开，如图 8-24 所示。

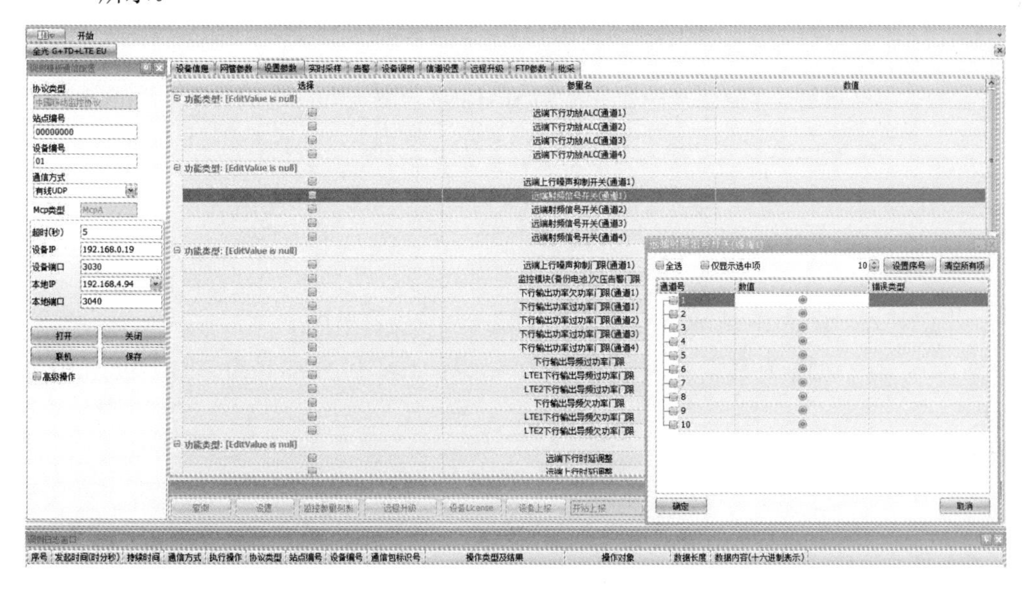

图 8-24　EU 参数设置

⑤ 告警查询。在告警栏将告警使能勾上（如图 8-25 所示），查询设备有无故障告警：若无告警，可转入下一步调试；若有告警，则对相应告警进行处理。门禁告警在调试过程中可以忽略，但正式开通后应无告警。

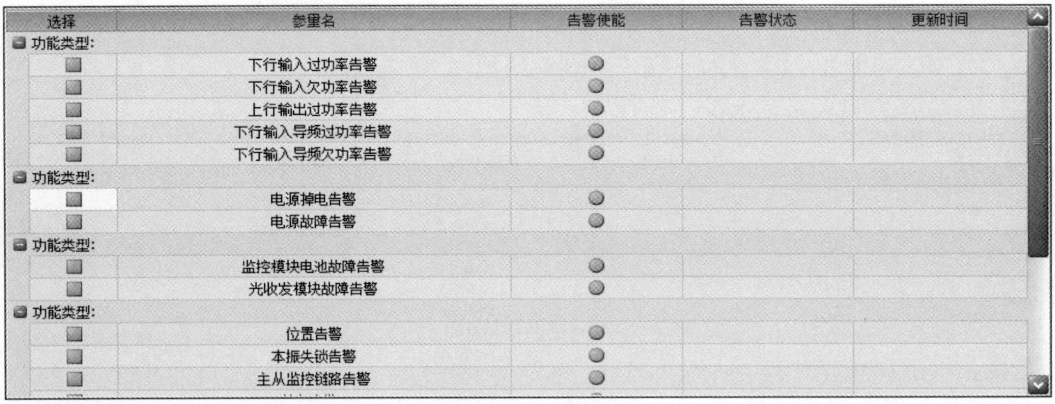

选择	参量名	告警使能	告警状态	更新时间
功能类型:				
	下行输入过功率告警			
	下行输入欠功率告警			
	上行输出过功率告警			
	下行输入导频过功率告警			
	下行输入导频欠功率告警			
功能类型:				
	电源掉电告警			
	电源故障告警			
功能类型:				
	监控模块电池故障告警			
	光收发模块故障告警			
功能类型:				
	位置告警			
	本振失锁告警			
	主从监控链路告警			

图 8-25　告警使能设置

8.2.4　快速开通指南

输入

- 信源与 MU 之间建议使用 50 dB 耦合器或 40 dB 耦合器+10 dB 衰减器；
- 4G 入口电平一般在−10～−15 dBm 之间。

联机

- 设备 IP 地址通常以标签的形式贴于设备面板上。
- 如未贴标签，请使用默认 IP 地址：MU，192.168.0.10；EU，192.168.0.19。

参数配置

① 站点/设备编号：

- MU 与其所带 EU 站点编号必须相同。

➢ MU 设备编号为 00，EU 建议按两位自然序列依次编号，如 01,02,03,…，且同一 MU 下的 EU 编号不得重复；

➢ MU 的有效“远端端口数量”必须与 EU 的实际连接数量一致。

② GSM/DCS：

➢ “设置参数”→“自动载波跟踪开关”：设置为“关”时，需手动设置 GSM 信道号；设置为“开”时，无法手动设置 GSM 信道号，系统自动搜索 GSM 信道号，约需 1～2 分钟。建议使用“开”模式。

➢ “信道设置”→“工作信道 1…”：信道个数与信道号应与信源保持一致。

③ TD-SCDMA：

➢ “设置参数”→“TD-SCDMA 帧第二时隙切换点”：现网设置为 2（具体设置值需与后台确认）。

④ TD-LTE：

➢ “设置参数”→“TD-LTE 上下行配置”：通常设置为 2（具体设置值需与后台确认）。

➢ “设置参数”→“TD-LTE 特殊子帧配置”：通常设置为 7（具体设置值需与后台确认）。

➢ “信道设置”→“TD-LTE 通道 1 工作频带中心信道号”：与后台核实信道号直接设置，如 39050；“TD-LTE 通道 2 工作频带中心信道号”不需要设置。

注：TD-LTE 通道 1 工作频带中心信道号=10×LTE 工作频段中心频点+15650。例如：若 TD-LTE 中心频点为 2 350 MHz，则对应的中心信道号为：10×2350+15650=39150。

EU 中关于信道的设置，如“自动载波跟踪开关”、“工作信号 1…”、“TD-SCDMA”帧第二时隙切换点”、“LTE 特殊子帧配置”、“LTE 工作频带中心信道号”等，都不需要设置。这些参量直接由 MU 广播下发。

常见问题

合理设置上下行 ATT。RU 的输出功率可通过上下行 ATT 进行调节，当各制式入口耦合度为 40 dB 时，单小区 RU 个数与上下行 ATT 的关系如表 8-3 所示。

表 8-3　单小区 RU 个数与上下行 ATT 的关系

单小区接入 RU 个数	上行 ATT	下行 ATT
16	5	0
32	8	3
48	10	5

8.3　软件版本升级

产品软件升级的目的，在于改善设备 BUG，增加设备功能。另外，建议版本应配套使用，升级完成后应重启设备，并核实 CPU 和 FPGA 版本号，还应在覆盖区进行各制式业务测试，确保设备升级后工作正常。通常情况下，产品的升级方式分为 TFTP 方式和 MCP:B 方式两种。

8.3.1　产品升级前准备工作

① 软件资源：需升级的程序版本，现网设备运行程序版本，TFTP，调测软件；

② 硬件资源：网线或串口线，调试 PC。

8.3.2　产品升级——TFTP 方式

TFTP 设置

打开“tftpd32”软件（如没有反应，可用管理员身份尝试），单击“Browse”按钮选择程序包所在目录。服务器地址即电脑 IP 地址，设置为设备同一网段即可。操作截图如图 8-26 所示。

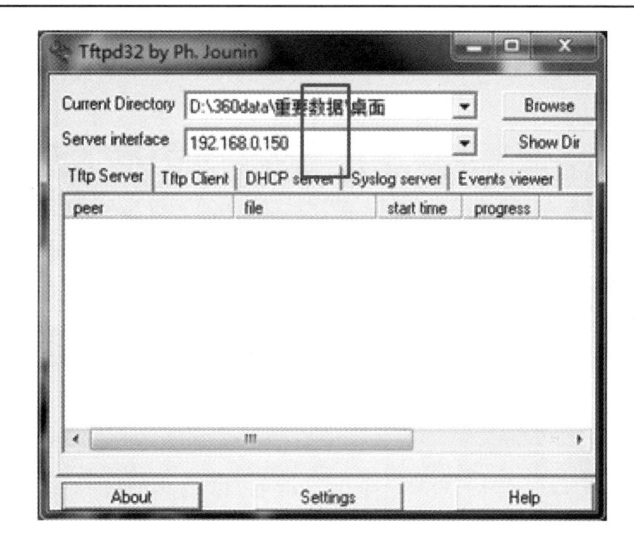

图 8-26　TFTP 设置的截图

TFTP 升级过程

TFTP 升级过程如下：

① “运行”→“CMD”→“telnet XXX.XXX.XXX.XXX”（Windows 7 需手动开启 Telnet 功能）进行设备连接。

② 设备连接后进入到/home/bin 路径下：只需输入命令“cd /home/bin”，按“Enter”键后便可进入到/home/bin 路径，如图 8-27 所示。

图 8-27　进入/home/bin 路径

③ 修改 dp3g 脚本文件：输入命令“vi dp3g”，按“Enter”键进入，如图 8-28 所示。

图 8-28　修改 dp3g 脚本文件

④ 按键盘上“I”进入修改模式，修改成正确的应用程序文件名及 IP 地址，如图 8-29 所示。

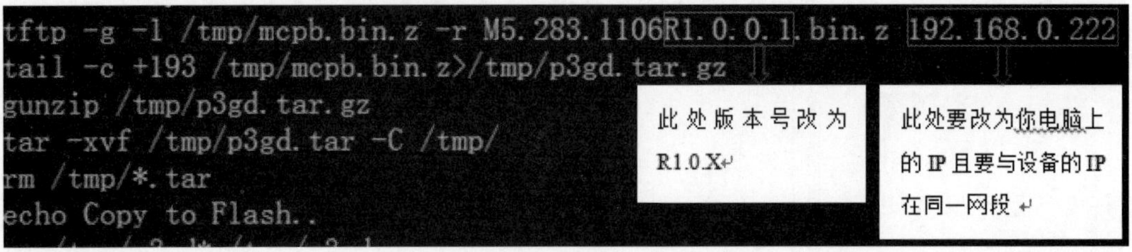

```
tftp -g -l /tmp/mcpb.bin.z -r M5.283.1106R1.0.0.1.bin.z 192.168.0.222
tail -c +193 /tmp/mcpb.bin.z>/tmp/p3gd.tar.gz
gunzip /tmp/p3gd.tar.gz
tar -xvf /tmp/p3gd.tar -C /tmp/
rm /tmp/*.tar
echo Copy to Flash..
```

此处版本号改为 R1.0.X

此处要改为你电脑上的 IP 且要与设备的 IP 在同一网段

图 8-29　修改文件名及 IP 地址

⑤ 更改完毕后按键盘上的“Esc”键，然后输入“:wq”命令保存脚本文件，按“Enter”键完成对修改后脚本的保存，如图 8-30 所示。

```
~
~
:wq
```

图 8-30　保存文件

⑥ 运行 dp3g 脚本，输入命令“./dp3g”，按“Enter”键执行，待屏幕上出现“Update Complete!”提示，即完成了应用程序烧写升级，重启设备即可运行升级后的程序，如图 8-31 所示。

```
/home/bin # ./dp3g
Starting update,please wait..
p3gd_M
g_td_wlan.rbf
Copy to Flash..
Update Complete!
/home/bin #
```

图 8-31　运行 dp3g 脚本

8.3.3　产品升级——MCP:B 方式

MCP:B 方式升级过程如下：

① 联机 MU 或 EU。

② 单击“远程升级”按钮，如图 8-32 所示。

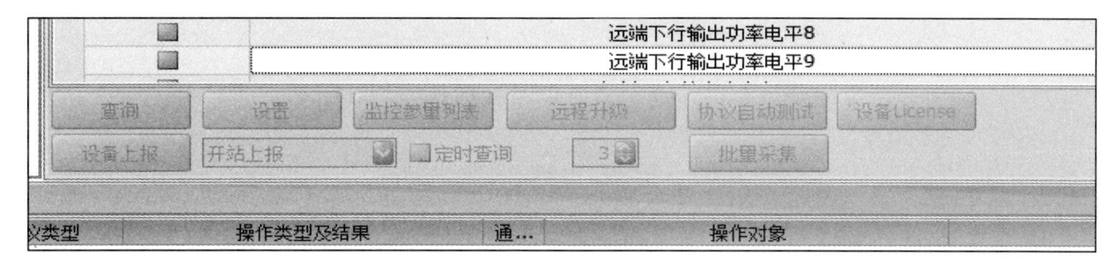

图 8-32　远程升级

③ 在弹出的新窗口中单击“浏览”按钮，选择升级文件，如图 8-33 所示。MU 和 EU 仅升级一个文件，文件后缀一般为“.bin.z”。文件选择完成后单击“开始升级”按钮。

M5.283.1106R1.0.5.0.bin.z
360压缩
999 KB

S5.283.1105R1.0.5.0.bin.z
360压缩
620 KB

图 8-33　升级文件包

④ 升级完成后，待设备回复“正常完成升级”后重启设备。联机查询 CPU 和 FPGA 版本是否为升级后的版本，如图 8-34 所示。

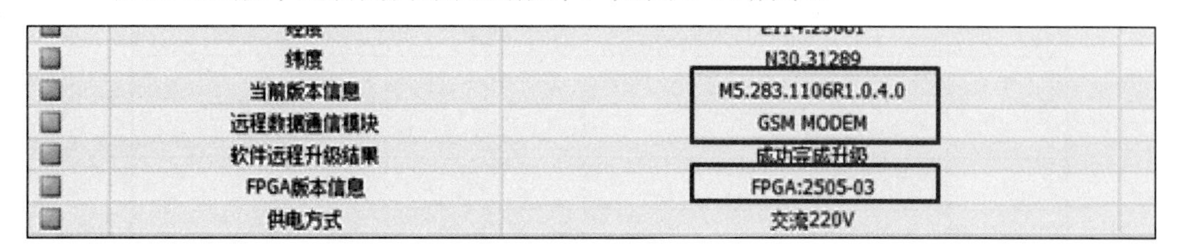

图 8-34　升级后的版本信息

通过 MU 升级 EU 或通过 EU 升级 MU，只需通过本地联机至远端，然后重复上述步骤即可。

8.4　产品监控开通

8.4.1　安装材料及开通工具

安装材料

每台近端单元（MU）的安装所需的材料如表 8-4 所示。

表 8-4　安装每台 MU 所需的材料

序号	类　型	数量	备　注
1	小型化 PTN 设备	1 台	
2	网线	1 根	网线长度为小型化 PTN 设备和 MU 之间的走线距离
3	尾纤 通常使用的型号为 LC/PC-FC/PC	4 根	尾纤长度分为 2 个部分： MU 端 2 根尾纤为小型化 PTN 设备和光端盒之间的走线距离 PTN 端 2 根尾纤为 PTN 设备和光端盒之间的走线距离

开通工具

开通工具如表 8-5 所示。

表 8-5　开通工具

序号	工　具	数量	备　注
1	光功率计	1 个	检测光路
2	发光功率计	1 个	
3	笔记本电脑	1 台	调测设备
4	USB 转串口线	1 根	
5	R232 直连线	1 根	
6	网线	1 根	

8.4.2　开通前需确认的信息

开通前需确认的信息包括：

① IP 地址。

用途：MU 连接网管系统所用；

要求：每台 MU 需要一个 IP 地址（含子网掩码和网关），并且该 IP 地址必须能够 ping 通网管平台 IP 地址（10.25.0.204）；

来源：IP 地址由分公司传输数据中心负责分配。

② 传输通道。

用途：实现 M3 系统和省移动直放站网管服务器之间的数据传输；

要求：从全光分布系统站点的数据打通至地市传输汇聚机房的 MDCN 网络的交换机上，再将该链路进行数据配置，打通到直放站服务器；

来源：IP 地址由分公司传输数据中心负责。

③ PTN 端口。

用途：用于数据传输；

要求：每台 MU 需要 1 个 PTN 端口；

来源：需要安装人员现场确认全光分布系统覆盖站点上联的信源基站所对应的 PTN 传输设备的位置以及 PTN 传输设备的端口类型、端口数量有无富余。

④ 光纤资源。

用途：PTN 机房至 MU 处的光路连接；

要求：每台光纤收发器需要 2 条光路，并且收光功率不小于−16 dBm；

来源：需要安装人员现场确认光纤资源。

8.4.3　安装及开通

安装工作

➢ 确认 PTN 设备至 MU 设备的光纤路由。

- ➢ 使用尾纤将 PTN 端口连接至光端盒上已确定好的光纤端口。
- ➢ 安装小型化 PTN 设备，并使用尾纤将小型化 PTN 设备连接至光端盒上已确定好的光纤端口，最后制作一根网线将小型化 PTN 设备连接至 MU 端。

开通工作

将笔记本电脑的 IP 地址设置为 MU 的 IP 地址。然后 Ping 10.24.0.204，看是否能 ping 通；如 ping 不通，则需要向上逐级检查。

开通调测，网管参数设置界面如图 8-35 所示。

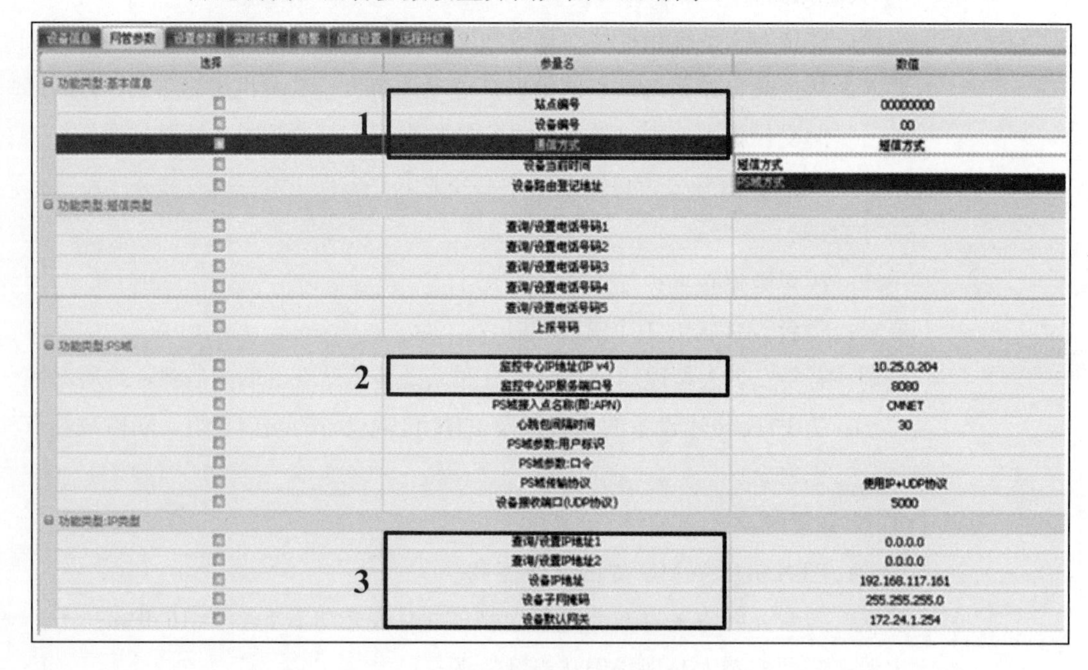

图 8-35　网管参数设置界面

具体设置步骤如下：

① 基本信息：

- ➢ 站点编号：填写局方分配的站点编号（注意 MU 和 EU 设备的站点编号要保持一致）；
- ➢ 通信方式：PS 域方式。

② PS 域：

- 监控中心 IP 地址：10.25.0.204（某省移动直放站网管平台 IP 地址）；
- 监控中心 IP 服务端口号：8080（某省移动直放站网管平台端口号）。

③ IP 类型：

- 查询/设置 IP 地址 1：10.25.0.204；
- 查询/设置 IP 地址 2：填写局方分配的 IP 地址+1（如局方分配的 IP 地址尾数为 24，那么这里就填 25，用于后期设备调测）；
- 设备 IP 地址：填写局方分配的 IP 地址；
- 设备子网掩码：填写局方分配的子网掩码；
- 设备默认网关：填写局方分配的网关地址。

（注：完成以上 3 步设置后，需要将电脑 IP 地址更改为“查询/设置 IP 地址 2”，然后进行下一步调测。）

④ 远程数据通信模块：802.3 网卡。

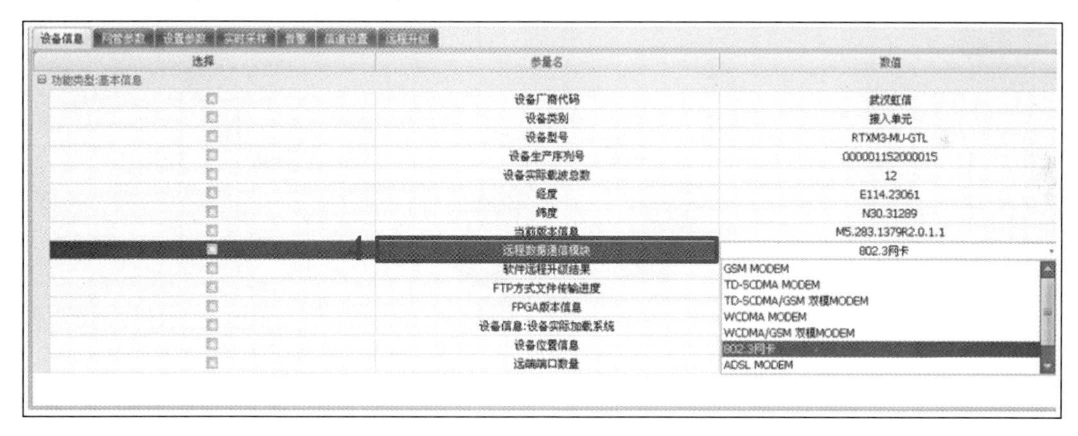

图 8-36　远程数据通信模块设置

全部设置完成后，将网线接至小型化 PTN 的以太网口，然后在直放站网管平台上配置站点的监控数据。

8.5　产品调测注意事项

在进行产品调测时应注意以下事项：

① 设备开通前应根据实际组网情况，估算信源所需的配置或调整参数值，

并通知后台网优人员进行修改。重点是接入类和时延类参数。

② 索取信源配置参数，避免信源与设备参数配置不一致的情况出现。

③ 设备开通后应到覆盖区做各制式业务测试，确保开通效果。

④ 在设备程序版本升级（或回退）过程中不要断电，否则可能导致升级失败或后续无法正常联机。

8.6　维护测试

下行输入功率测试

将频谱仪按图 8-37 所示连接，测量设备下行输入功率的大小，并做记录。

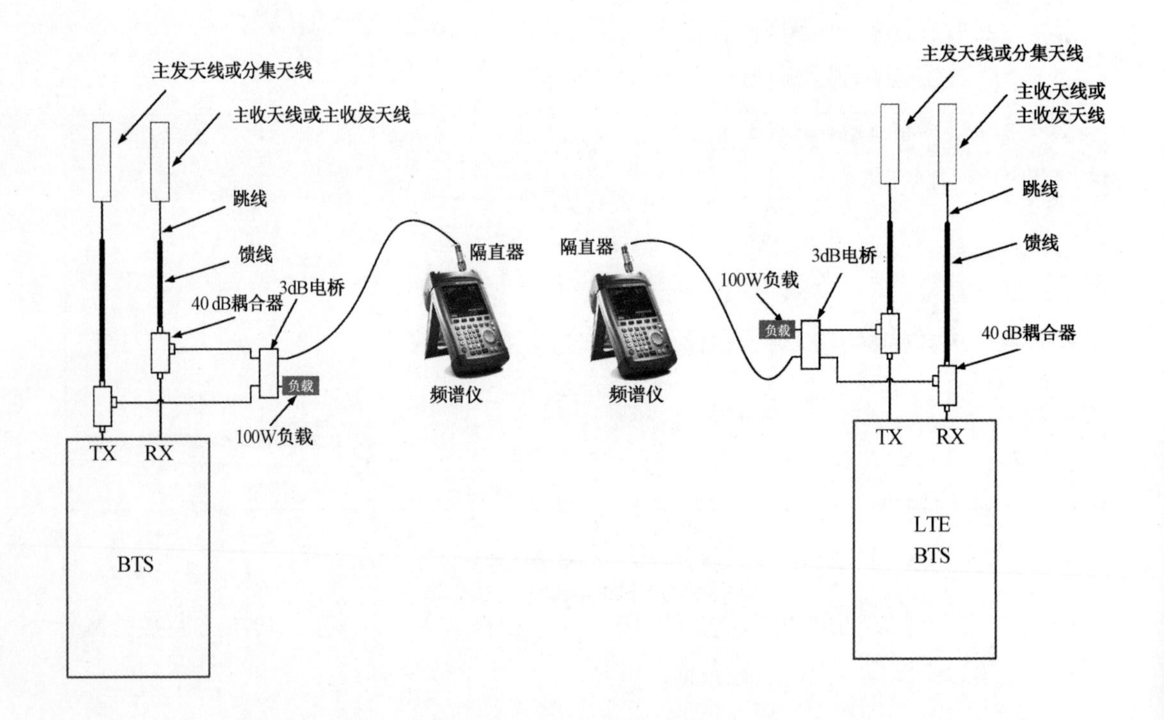

图 8-37　下行输入功率测试连接图

输入电平的选择：

$$输入电平 = 标称输出电平 - 增益 \tag{8-2}$$

最大输入电平建议大于计算值 10 dB。若输入电平过大，可以使用合适的衰减器使其降低。若信源为单载波或多载波的基站，应使用频谱仪读取多载波总电平。

下行输出功率测试（使用调测软件读取或频谱仪测试）

使用网线将笔记本电脑与设备连接，运行调测软件监控软件，查看下行输出功率，并记录。

将频谱仪按图 8-38 所示进行连接，测量设备下行输出功率的大小，并记录。

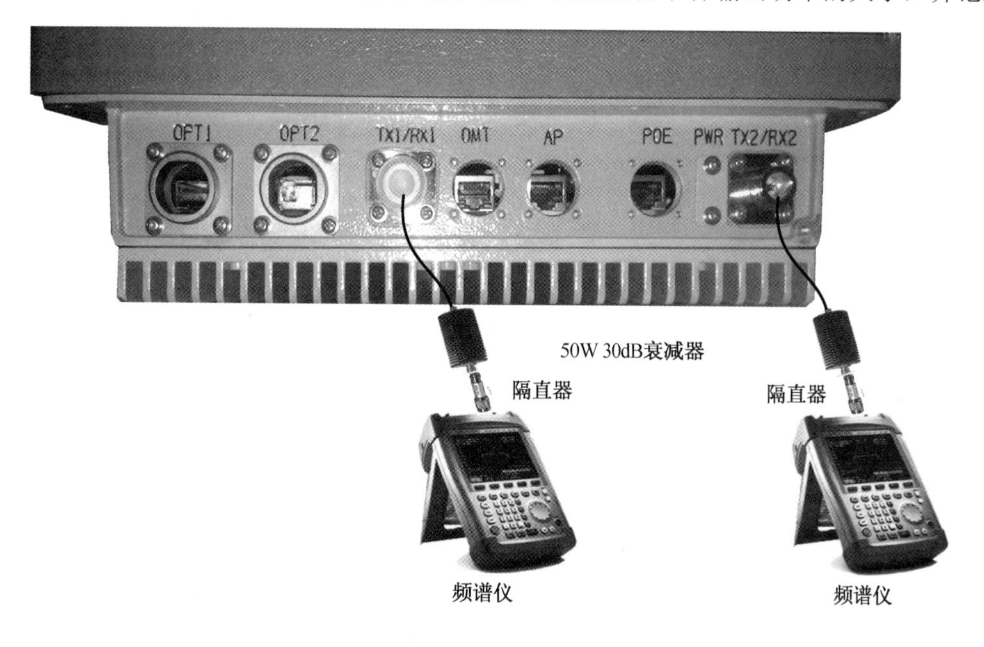

图 8-38　下行输出功率测试连接图

设备下行输出功率可以从监控界面中查询到，一般不需要使用频谱仪。如果从界面查到的输出功率正常而覆盖范围不正常，可用频谱仪加以验证。其测试步骤如下：

① 在确认设备电源关闭的情况下，断开设备和重发馈线的连接，将设备按图 8-38 所示进行连接。

② 将频谱分析仪的中心频率（FREQ）设置为设备下行工作中心频率，并设置带宽（SPAN），将 RBW 设为 300 kHz，VBW 设为 100 kHz（以测 GSM 信号为例）。

③ 在频谱仪上选择基准键(lUvUl)，调节▲或▼键和选择 ATT AUTO / MNL 键，调节 ATT 为 AUTO。开启设备电源，在频谱仪上选择功能键，取平均(AVGA)，读取下行输出功率。若显示的读数为 P（dBm），则下行输出功率为“P+相应衰减器值”(dBm)。

④ 调整下行 ATT，将设备的下行输出设置为合适的值，使之满足覆盖要求。

注意：在工程开通时，还要考虑用户数量为多少的情况下输出功率的预留问题，测试下行输出功率时不允许设备空载。

设备上行标称额定输出功率为总功率。由于现在基站一般都是多载波基站，且只有导频信道一直处于发射状态，所以在调测直放站时，必须考虑导频功率与多载波功率的关系，预留一定的功率余量，避免出现随着话务量的增多，基站提升发射功率，而直放站无多余功率提升的现象。假设基站满载时每个载波的功率一样，可以得到：

$$设备额定功率=导频功率+10\lg N \tag{8-3}$$

式中，N 为基站的载频数。也就是说，我们只要保证设备导频输出功率不大于“额定功率−10LgN”，设备就会和基站一样，随着话务量的增长而增加输出功率。

设备上行底噪测试

上行底噪测试步骤如下：

① 确定设备电源关闭，将设备按图 8-39 所示进行连接。

② 将该直放站工作频率范围内的上行中心频率设为频谱分析仪的中心频率（FRUQ），设置带宽（SPAN），将 RBW 和 VBW 均设为 30 kHz。

③ 在频谱仪上选择基准键（lUvUl），调节▲或▼键，将仪表显示底噪抬到最高点。选择键 ATT AUTO / MNL，调节 ATT 为 0 dBm。开启设备电源，在频谱仪上选择功能键，取平均（AVGA），读取上行噪音电平的功率。

④ 上行噪声的计算公式为：

$$基站系统上行入口噪声电平=-（基站下行输出功率-设备入口电平）+直放站系统噪声电平功率 \tag{8-4}$$

通常，基站上行入口噪声电平为：≤–120 dBm（DCS 系统）或≤–107 dBm（WCDMA 系统）。

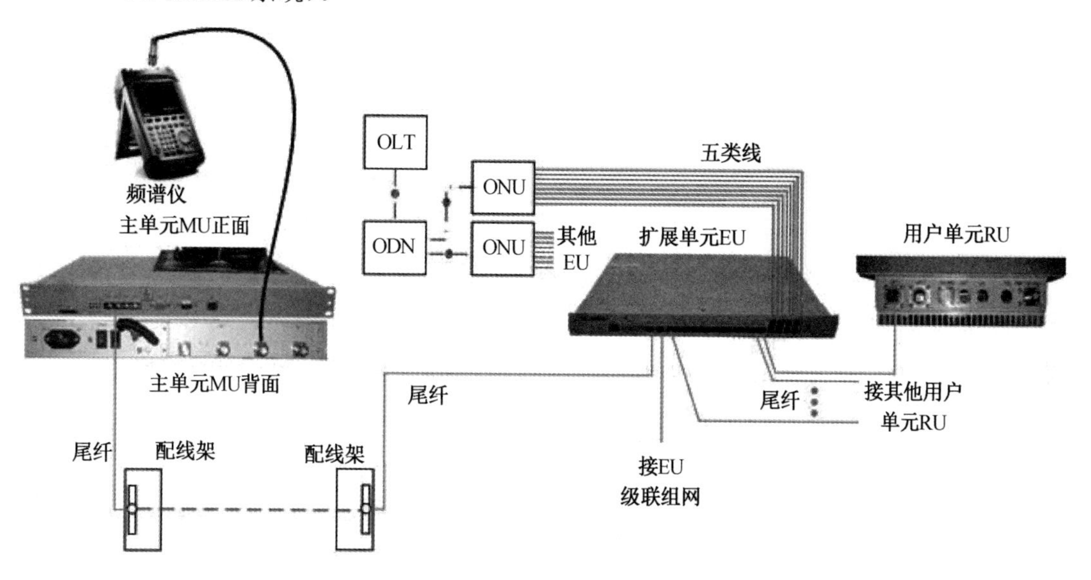

图 8-39　上行底噪测试连接图

注意：在保证增益满足的情况下，当上行底噪出现不正常状况时，首先调整上行 ATT，使上行底噪调整到一个合理的范围；如果效果不明显，可以在光路传输中加减光衰来调整上行底噪。在测试主机底噪时，不允许设备空载。

另外，测量上行链路指标（增益、底噪）时，应该关断下行功放；测量主机底噪可以在主机输出口（MS）连接 50～100 W 负载（查看主机噪声电平）。注意对主机底噪电平的控制，主机底噪电平过高时会对施主基站产生干扰，引起基站指标恶化。通过降低输入电平或增加上行链路衰减值可以控制底噪电平；但在采用增加上行链路衰减值控制主机底噪电平时，应考虑上下行链路平衡，使覆盖区信号场强和各项通话指标最优化。建议上行链路增益不能小于下行链路增益 5 dB。

天馈系统驻波比测试

将驻波比测试仪按图 8-40 所示进行连接，测量重发天馈系统的驻波比，其值应不大于 1.5；如果测试值不符合要求，应及时对天馈系统进行检查与处理，并做记录。

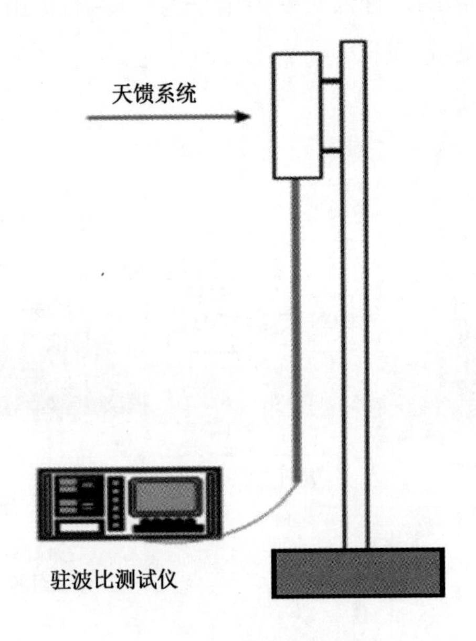

图 8-40 驻波比测试

光路测量

光路测量的步骤如下：

① 将光功率计连接的尾纤插入多制式数字微功率全光分布系统近端单元的 OPT 口，根据该 OPT 口激光器的实际发光波长，来正确设置光功率计的测量波长，从而读出近端单元的光发射功率。

② 将连接近端单元的尾纤插入光功率计，同样根据扩展单元相应 OPT 口激光器的实际发光波长，来正确设置光功率计的测量波长，从而读出扩展单元的光接收功率。

③ 将光功率计连接的尾纤插入多制式数字微功率全光分布系统扩展单元的 OPT 口，根据该 OPT 口激光器的实际发光波长，来正确设置光功率计的测量波长，从而读出扩展单元的光发射功率。

④ 将连接扩展单元的尾纤插入光功率计，同样根据扩展单元相应 OPT 口激光器的实际发光波长，来正确设置光功率计的测量波长，从而读出远端单元的光接收功率。

⑤ 测试多制式数字微功率全光分布系统近端单元的光功率输出值 P_1，在光路的另一端测试多制式数字微功率全光分布系统扩展单元光功率输入值 P_2，这样光路的损耗为：$P = P_1 - P_2$。

⑥ 按照设备上下行光波长的实际值来测量光路损耗，并记录其数值。一般情况下的光路损耗：波长为 1 490 nm 时，衰减为 0.2 dB/km，最大不超过 0.4 dB/km；波长为 1 310 nm 时，衰减为 0.35 dB/km，最大不超过 0.5 dB/km。根据光路的大致距离可以估算光路的衰减，如果偏差太大，说明光纤通路有问题，宜另选一路光纤通路。

⑦ 测量和记录多制式数字微功率全光分布系统近端单元光发盘的发射光功率，测量和记录多制式数字微功率全光分布系统扩展单元的下行接收功率和光发盘发射光功率。近端单元、扩展单元光发盘的光功率范围为–9～–3 dBm，要求近端单元、扩展单元接收光功率均不小于–15 dBm，并且近、远端单元光路衰减偏差不能太大。

多制式数字全光分布系统上行底噪调整

通过对直放站一拖多组网时的噪声分析，实际工程中我们主要调整的是直放站串联时的上行噪声。调整步骤如下：

① 将多制式数字微功率全光分布系统的近端单元分别与每一个远端单元联调，保证与单个远端单元联调时没有上行干扰且设备底噪基本相同。假设所有一拖一情况下上行底噪均为–75 dBm。

② 一拖多时，设备底噪在一拖一的情况下恶化 10 lg$N$ (dB)。例如：一拖二时底噪恶化 10 lg2 (dB)，约为 3 dB；一拖四时底噪恶化 10 lg4 (dB)，约为 6 dB。为了保证不会产生上行干扰，应当降低每台设备的上行底噪。

联调底噪参考值如表 8-6 所示。

表 8-6　联调底噪参考值

保持系统上行底噪为–75 dBm				
组网方式	一拖一	一拖二	一拖三	一拖四
调整每台设备底噪	–75 dBm	–78 dBm	–80 dBm	–81 dBm

第9章 多制式数字全光分布系统常见故障处理

9.1 设备硬件故障

9.1.1 常见排查思路

对于硬件出现故障的站点，一般其故障现象比较突出，直接表现为业务异常而并非指标不达标。不同节点的设备故障，表现为不同区域的业务异常，一般在排查时要重点考虑。

9.1.2 案例分析

问题描述

某多制式数字全光分布站点（V1R2 1+4+28）外场测试无 TD-LTE 制式信号覆盖。

案例分析

该站点只做了 TD-LTE 制式信号覆盖，单信源小区下挂 RU 数量较少，刚开通时覆盖正常，运行一段时间后覆盖区信号异常。若整个覆盖区无信号覆盖，则应从信源、光路、MU 软件版本、MU 硬件、远端 RU 射频端口连接等方面入手进行排查。

处理过程

① 查看 MU 与 EU 之间的光路同步指示灯，发现均未同步；测试光信号强度正常。

② 测试信源泄漏信号，信源信号及业务正常。

③ 检查远端 RU 与天馈系统连接的射频端口是否正确，连接正确。

④ 检查 MU 程序版本，近端无法调测软件联机，通过 Telnet 登录检测程序，版本无异常。

⑤ 更换 MU 后，MU 与各 EU 间光同步正常，覆盖区 TD-LTE 制式信号及业务正常。

故障小结

相对于覆盖区部分区域无信号的情况，对于覆盖区整个区域无信号的问题，建议从信源、MU 和远端 RU 射频连接口出发进行排查较为快速。

9.2 设备程序版本异常

9.2.1 常见排查思路

对于程序版本异常的设备，在业务方面其故障表现较为明显；通常情况下，程序版本异常会导致异常设备下挂的所有远端覆盖区业务异常。在排查供电、远端输出、光路以及光信号强度以后，应重点关注程序软件版本情况。

9.2.2　案例分析

问题描述

某多制式数字全光分布系统，站点（V1R3 1+6+42）外场测试无 TD-LTE 制式信号覆盖，需尽快处理。

案例分析

该站点用小型化全光分布系统（下挂天线型）做了 TD-LTE 制式信号覆盖，站点开通后整个覆盖区无信号覆盖。对于整个覆盖区无信号的问题，应从信源、光路、MU 软件版本、MU 硬件、远端 RU 射频端口连接等方面入手进行排查。

处理过程

① 查看 MU 与 EU 之间的光路同步指示灯，均正常。

② 测试信源泄漏信号，信源信号及业务正常。

③ 调测软件登录后查看 TD-LTE 制式近端输入和远端输出的功率，均正常。

④ 检查远端 RU 与天馈系统连接的射频端口是否正确：连接正确。

⑤ 检查 MU 与 EU 程序版本匹配情况。经与研发同事沟通，当前 MU 使用版本 1555R1.0.2.0 并非最新版本。将近端单元 MU 版本升级至 1555R1.0.3.0 后，覆盖区信号及业务正常。

故障小结

对于程序版本匹配问题，尽量在现场与开发人员进行确认，确保设备间程序版本的匹配性，以及设备硬件与程序版本的匹配性。

9.3 线缆连接错误

9.3.1 常见排查思路

线缆连接错误，其线缆如果为光缆，通常情况下会导致光口同步指示灯不亮。若为远端 RU 射频通道口，则会导致终端在射频出口处信号较强，远离射频出口一定距离后电平衰弱相当严重。

9.3.2 案例分析

问题描述

某多制式数字全光分布站点（V1R3 1+4+28）外场测试无 TD-LTE 制式信号覆盖，需尽快处理。

案例分析

该站点使用小型化全光分布系统（下挂天线型）做了 TD-LTE 制式信号覆盖，站点开通后整个覆盖区无信号覆盖。对于整个覆盖区无信号的问题，应从信源、光路、近端单元（MU）软件版本、MU 硬件、远端 RU 射频端口连接等方面入手进行排查。

处理过程

① 查看 MU 与 EU 之间的光路同步指示灯，均正常。

② 测试信源泄漏信号，信源信号及业务正常。

③ 调测软件登录后查看 TD-LTE 制式近端输入和远端输出的功率，均正常。

④ 检查 MU 与 EU 程序版本匹配情况，未发现异常。

⑤ 检查远端 RU 与天馈系统连接的射频端口是否正确：发现天馈线系统连接在 RU 的二号射频口上，连接错误。将天馈系统更换至一号射频口上，覆盖区

域信号及业务正常。其现场照片如图 9-1 和图 9-2 所示。

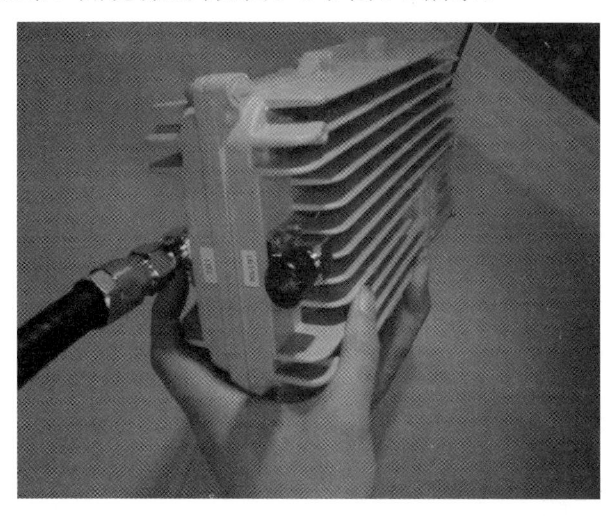

图 9-1　RU 与天线系统的射频连接（一）

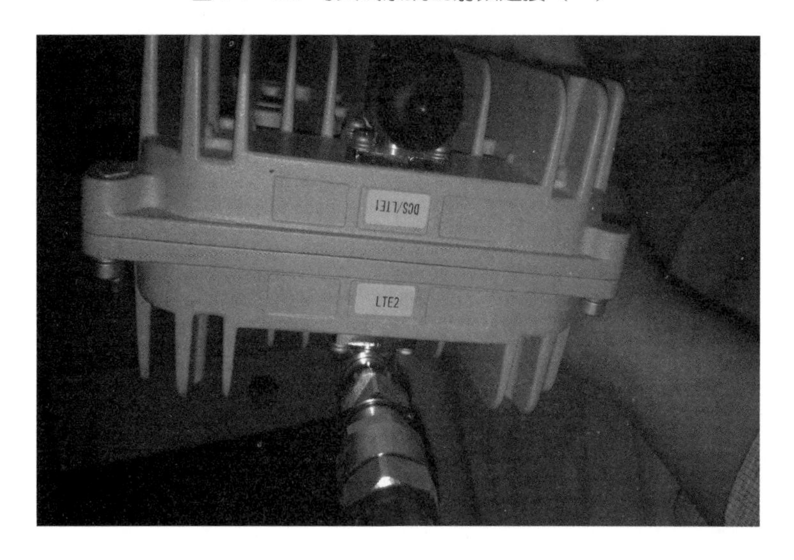

图 9-2　RU 与天线系统的射频连接（二）

故障小结

对于覆盖区整个区域无信号的问题，建议从信源、MU 和远端 RU 射频连接口出发进行排查较为快速。

9.4　信源参数设置不合理

9.4.1　常见排查思路

在进行故障排查前，应充分收集站点信源参数和设备信息，结合现场故障表现，判断是否是与之相关的信源参数设置造成的：若是，则提供合理的修改值给局方后台参数配置人员进行修改；若不是，则可往设备硬件、软件角度分析导致故障原因的可能性。

9.4.2　案例分析

问题描述

某 KTV 采用光分系统（多制式数字全光分布系统）进行覆盖。设备数量为 1MU+2EU+14RU，EU 之间级联。RU 外接吸顶天线对 KTV 一楼到三楼进行覆盖。近端单元（MU）安装在机房，同时耦合 2G 信源（BCCH:90，CID:54636）和单通道 LTE 信源（PCI:36，TAC:12866）。据反映，现场 2G 覆盖良好，通话正常。但 LTE 存在明显的弱覆盖，且无法进行数据业务。MU 到覆盖区最远的 RU 光缆长度约为 3 000 m。

调测和拨打测试

① 对机房近端单元（MU）进行调测，发现多制式数字全光分布系统工作正常，各制式信号输入、输出均正常。

② 对 KTV 进行现场拨打测试，发现 2G 信号正常，语音通话质量良好；但商务终端始终显示 LTE 弱覆盖。

③ 反复测试后发现：终端占用 2G 信源（BCCH:90，CID:54636）时无法重选到室内 LTE 信源（PCI:36，TAC:12866），只能先占用室外 LTE 信源才能重选

到室内 LTE 信源；在室内 LTE 信源上进行语音呼叫，则回落到 2G 信源（BCCH:90，CID:54636），语音结束后再也无法返回室内 LTE 信源；室外 LTE 信源（ PCI:45 TAC:12866/PCI:22 TAC:12866/ PCI:418 TAC:12866）重选到室内 LTE 信源上的几率也很小。

④ 通过先占用室外 LTE 信源然后重选到室内 LTE 信源，在吸顶天线下 LTE 信源（PCI:36，TAC:12866）的下行 Rxlev 为–65～–75 dBm，但是无法进行数据业务。

⑤ 与后台人员当面沟通，希望修改 LTE 接入参数，完善 2G 和 4G 之间的重选参数，得到的答复是后台参数正常。

现场实验

为了验证多制式数字全光分布系统的可用性，将 KTV 现场的 EU、RU 各 1 台搬到机房，通过两条 10 m 尾纤将 MU、EU、RU 各单元连接。经现场测试，发现商务终端正常重选到 LTE（PCI:36，TAC:12866），数据业务正常。实验现场图片如图 9-3 所示。

（a）

（b）

图 9-3　实验现场图片（待续）

（c）

（d）

12:34 　78

网络信息

--------------网络信息检测---------------

SIM卡状态：READY

SIM卡序列号：89860012179447133424

IMSI :460028271396575

网络状态：已连接

运营商：CMCC(02)

网络(1)

网络类型：TD-LTE

手机信号：-72dBm SINR=0

小区信息：TAC=12866 PCI=36

网络(2)

网络类型：

手机信号：

小区信息：

漫游：正在漫游

服务状态：服务中

数据连接状态：CONNECTED

通话状态：IDLE

重新检测　修复网络

常用　发现　记录　我的

（e）

（f）

图 9-3　实验现场图片（续）

参数调整

经多方咨询，得知到爱立信 CellRange 负责小区半径接入。将默认值“5”改为“15”后，现场 LTE 信号可以正常进行数据业务，2G 与 LTE 信源之间的重选也正常。

通过后台查询基站参数，该 LTE 信源业务正常。

后台数据对比如表 9-1 所示。

表 9-1　后台数据对比

YEAR_ID	MONTH_ID	DAY_ID	HOUR_ID	ERBS	EUtranCellTDD	最大用户数	平均用户数	流量（MB）	备注
2015	12	2	18	BDBGQ6838	1	0	0	0	调整参数前
2015	12	2	19	BDBGQ6838	1	0	0	0	
2015	12	2	20	BDBGQ6838	1	0	0	0	
2015	12	2	21	BDBGQ6838	1	0	0	0	
2015	12	2	22	BDBGQ6838	1	0	0	0	
2015	12	2	23	BDBGQ6838	1	0	0	0	
2015	12	3	0	BDBGQ6838	1	0	0	0	
2015	12	3	18	BDBGQ6838	1	5	0.52	4.38	调整参数后
2015	12	3	19	BDBGQ6838	1	10	2.59	18.58	
2015	12	3	20	BDBGQ6838	1	17	6.57	100.3	
2015	12	3	21	BDBGQ6838	1	22	10.53	169.17	
2015	12	3	22	BDBGQ6838	1	19	9.18	121.06	
2015	12	3	23	BDBGQ6838	1	13	5.34	53.89	
2015	12	4	0	BDBGQ6838	1	10	3.87	67.42	

故障小结

信源 RRU 有两种：31 型和 41 型。其中 31 型最大小区半径为 15 km，默认值为 5 km；41 型最大小区半径为 15 km，默认值为 5 km。以 31 型为例：当最大小区半径=15 km 时，网络能容忍的时延为 $15\times3.3(\mu s) = 49.5\ \mu s$，则当多制式数字全光分布系统 EU 级联一次的时延为 $9\ \mu s$ 时，光缆长度应该不大于 $(49.5 - 9)\mu s/(5\ \mu s/km) = 8.1\ km$。实际工程中，建议光缆长度不要超过 5 km，光缆长度指的是 MU 到最远 RU 之间的光缆的长度。

9.5 干扰问题

9.5.1 常见排查思路

干扰问题在多制式数字全光分布系统产品应用时较为常见，通常可通过后台话务统计指标统计出干扰程度。在排查过程中，应先排查大体方向，确认是网外干扰还是网内干扰后再进行后续处理。对于网外干扰，通常可以通过扫频发现；对于网内干扰，则需排查无源器件、设备组网底噪、信源小区频率参数与周围基站频率等信息。

9.5.2 案例分析

问题描述

某站点 G+TD 制式多制式数字全光分布系统共分为 3 个小区、星状组网，RU（内置天线）对小区进行覆盖。多制式数字全光分布系统运行以后，后台告知 B、C 小区存在 3~5 级上行干扰。

故障排查思路

① 排查设备底噪；
② 检测耦合端驻波比；
③ 检测设备输入电平，判断基站到设备之间链路损耗是否合理。

处理过程和分析

C 小区

现场排查发现：C 小区机柜温度高，施工不规范，大量采用转接头串联，且馈线弯折厉害，其中一条馈线损耗极大（已更换之）。通过频谱仪测得该小区信源输出功率很低，如图 9-4 所示。

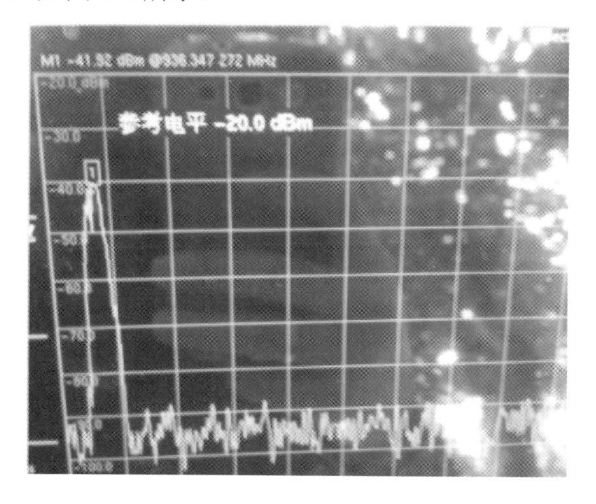

图 9-4　信源输出功率显示

更换机柜内全部无源器件及馈线后，测得信源输入正常，查询实时干扰为零星 3 级。

整改前后的机柜如图 9-5 所示。

（a）整改前

（b）整改后

图 9-5　整改前后的机柜

C 小区干扰及质差情况如表 9-2 所示。

表 9-2　C 小区干扰及质差情况

	UL67	DL67	IC 多制式数字全光分布系统	ICM4	ICM5
2014/05/04	1.4%	0.8%	28%	5%	0.2%
2014/05/05	1.5%	0.8%	32%	6%	0.4%
2014/05/06	1.1%	0.6%	34%	8%	0.3%
2014/05/07	1.8%	1.1%	32%	14%	1%
2014/05/08	1.8%	2.5%	11%	7%	0.06%
2014/05/09	1.3%	1.8%	8%	4%	0.1%
2014/05/10	1.2%	1.2%	5%	0.5%	0%
2014/05/11	1.3%	0.8%	6%	0.7%	0%
2014/05/12	1%	0.7%	2%	0.3%	0%

B 小区

后台人员反馈：B 小区上行质差，3~5 级干扰占比 70%，具体情况如图 9-6 所示。

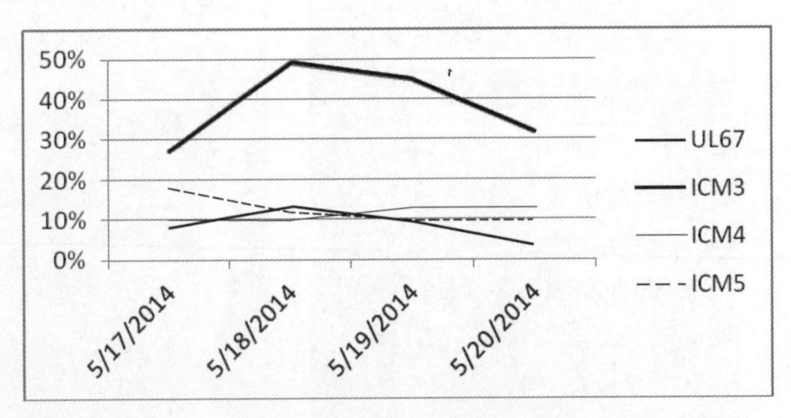

图 9-6　B 小区上行质差及干扰情况

通过指标可以看出：该小区干扰很严重。检查设备底噪，发现底噪偏高，约为–30 dBm，到达基站口约为–83 dBm，不满足验收要求。通过排查，发现部分

RU 接入系统后导致整体底噪抬升，其故障 RU 均为 B 小区下 MU2 号机柜（208 栋前下）所带，将 03 号 EU / 03 号 RU（205 栋 3 单元，RU39）、05 号 EU / 05 号 RU（南一门左侧立柱，RU46）、03 号 EU / 05 号 RU（205 栋 5 单元，RU41）、02 号 EU / 01 号 RU（208 栋 1 单元，RU36）以及 05 号 EU / 02 号 RU（202 栋 2 单元，RU48）关闭后，实时干扰恢复正常。

整改后 B 小区干扰以及质差情况如图 9-7 所示。

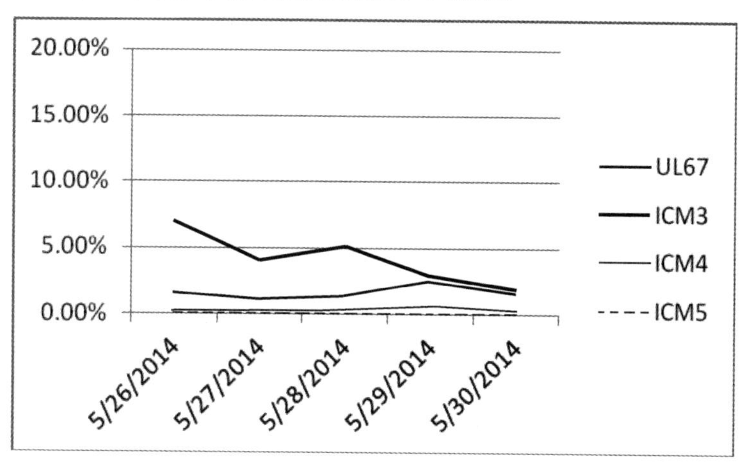

图 9-7　整改后的 B 小区干扰及质差情况

故障小结

上行干扰通常分两种：

➢ 网外干扰，如手机干扰仪、联通干扰、电信干扰等，其特点是干扰级别与话务量无关，往往呈现持续性或者周期性。

➢ 网内干扰，如直放站、天馈等，尤其是当天馈驻波比高或互调不正常时。其特点是干扰级别与话务量关系密切：话务越高干扰越强，无话务时几乎没有干扰；而当直放站设备故障导致干扰严重时，一般所呈现的特点为持续干扰，与话务量无明显关系。

处理办法：网外干扰可以通过在信源射频口加抗干扰滤波器来排除联通、电信干扰；也可以通过定向天线连接扫频仪进行扫频，确定外部干扰源位置，然后进行处理。对于网内干扰，可优先从主设备出口开始，按照以下顺序逐步排查：

① 多制式数字全光分布系统近端入口电平要控制在–15 dBm 左右。

② 天馈驻波和互调排查。优先排查主设备出口的无源器件（负载、电桥、耦合器、跳线）及接头。如有条件，可以用驻波比及互调仪进行单个器件测试，建议驻波比小于 1.1，三阶互调值小于–120 dBc。跳线不能过分弯曲，接头要拧好，接头内部不能有脏东西。收发合一口接的 40 dB 耦合器，其直通端接的负载如不发热则很可能烧坏，需要更换。排查直放站远端所带天馈的驻波，远端总口驻波比应该小于 1.2；对平层的驻波也要测试，测试值也要小于 1.2。否则，应逐级排查，直到故障点，越接近故障点，驻波比会越大。如果驻波正常，可以进一步测试互调，天馈总口三阶互调值至少小于–105 dBm（20 W 双信号）。

③ 测试近端上行底噪。将近端射频口接频谱仪，将频谱仪调整为上行频段（890～915 MHz）。正常情况下，有：

上行底噪值–耦合器值–衰减器值＜–110 dBm（基站灵敏度）　　(9-1)

如果底噪稍微偏高，可以在近端入口加衰减器；如果底噪很高（如–40 dBm），则可通过 MU→EU→RU 的顺序依次进行排查。

④ 设备连接过多时会导致底噪抬升。要明确的是在基站空载时，直放站下行功率应该比基站功率小 5～7 dB，同时要注意直放站上下行增益平衡。单小区 RU 个数与上下行 ATT 的关系如表 9-3 所示。

表 9-3　单小区 RU 个数与上下行 ATT 的关系

单小区接入 RU 个数	上行 ATT	下行 ATT
16	5	0
32	8	3
48	10	5

第 10 章 多制式数字全光分布系统应用案例

10.1 城中村覆盖

10.1.1 场景特点

“城中村”是指在经济快速发展、城市化不断推进的过程中，位于城区边缘的农村被划入城区，在区域上已经成为城市的一部分，但在土地权属、户籍、行政管理体制上仍然保留着农村模式的村落。这些地区的城市化进程相对滞后，人口密度大，违法建设、违章建筑和私搭乱建严重，市政基础设施匮乏，房屋破旧。因缺乏合理的规划，建筑比较密集，导致人口密集，话务量大，而且建筑结构复杂，楼房穿透损耗大，低层盲区多，深度覆盖不足。此外，物业协调难，楼宇老旧，传统室分难以实施，布线困难，施工周期长。

10.1.2 案例分析

场景描述

X 村位于 X 市 X 路，地处市中心繁华区域，是比较老的城中村，房屋排列密集，信号明显偏弱，部分区域无网络，严重影响移动手机用户正常通话，因此经常接到用户投诉。在城中村西北角虽建有一宏站，但由于房屋楼层参差不齐，巷子狭窄，仍无法满足深度覆盖的要求。针对以上情况，采用多制式数字全光分布系统，精确而深入地覆盖住户室内，有效解决小区投诉，同时解决宏站覆盖弱信号问题，是宏站覆盖的有力补充，覆盖面积约 6 万 m^2。该城中村分南、北两区，本案例将这两区分成 A、B、C 三个覆盖区进行覆盖。

设备组网方案

设计方案中 GSM 和 TD-LTE 各用两个小区进行覆盖，两种制式分别各用两个信源 RU 为信源，多制式数字全光分布系统则以 MU、EU 和 RU 的比例为 2∶11∶52 对该城中村的 A、B、C 三个区域进行覆盖。整体覆盖设备安装点位图如图 10-1 所示。

图 10-1　整体覆盖设备安装点位图

开通后现网测试效果

GSM 制式测试及分析

对该城中村 A、B、C 三个区域进行手动打点测试，GSM 电平覆盖测试轨迹图如图 10-2 和图 10-3 所示。

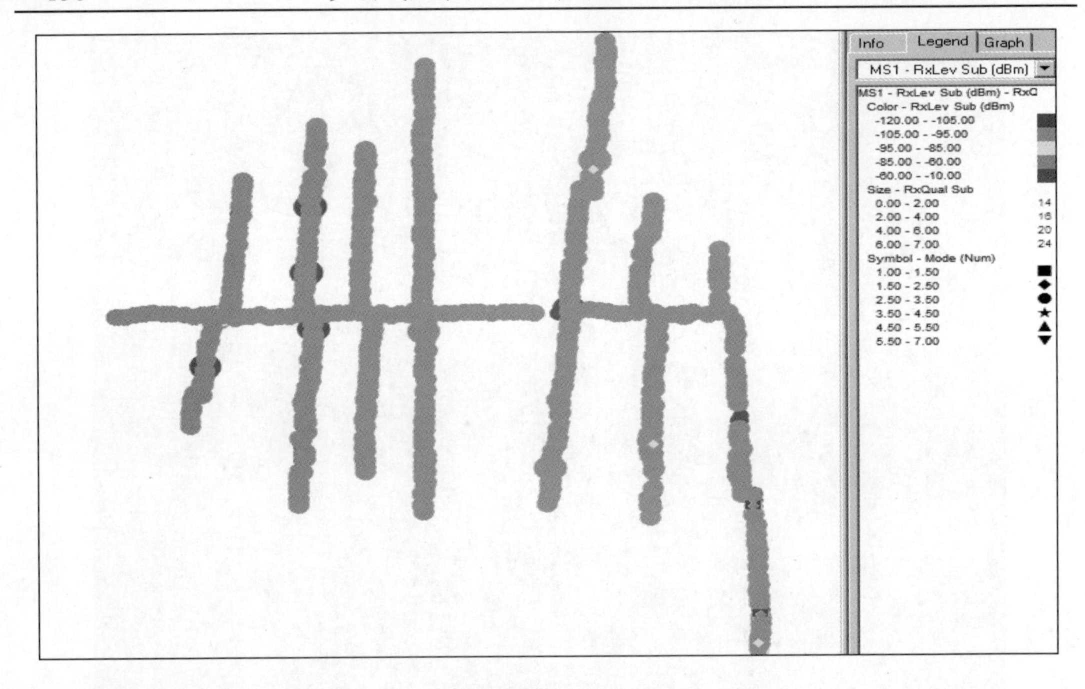

图 10-2　GSM 电平覆盖测试轨迹图（A、B 区）

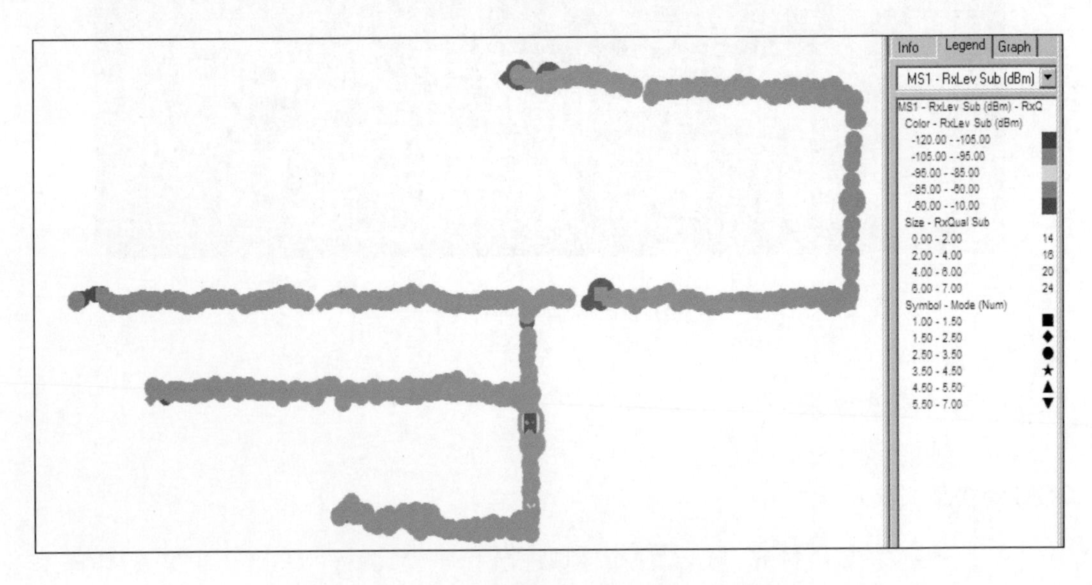

图 10-3　GSM 电平覆盖测试轨迹图（C 区）

通过对测试 LOG 中的电平信号强度采样点进行统计分析可知，整个测试过程中 RxLev Sub（信号电平）大于–85 dBm 的比例为 99.6%，满足移动公司 GSM 制式网络室内覆盖的信号强度考核标准。RxLev Sub 统计图和统计表如图 10-4 所示。

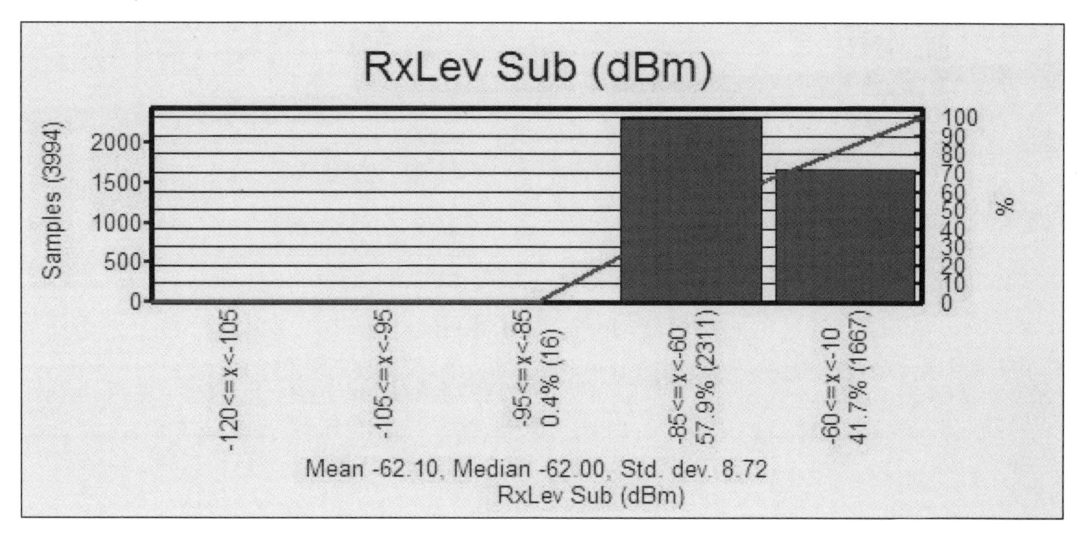

（a）RxLev Sub 统计图

Interval	PDF [#]	PDF [%]	CDF [#]	CDF [%]
-120 <= x < -105	0	0.0	0	0.0
-105 <= x < -95	0	0.0	0	0.0
-95 <= x < -85	16	0.4	16	0.4
-85 <= x < -60	2311	57.9	2327	58.3
-60 <= x < -10	1667	41.7	3994	100.0

（b）RxLev Sub 统计表

图 10-4　RxLev Sub 统计图和统计表

通过对测试 LOG 中的语音质量进行统计分析可知，整个测试过程中 RxQual Sub（语音质量）小于 5 的比例为 98.8%，满足移动公司 GSM 制式网络室内覆盖的信号质量考核标准。RxQual Sub 统计图和统计表如图 10-5 所示。

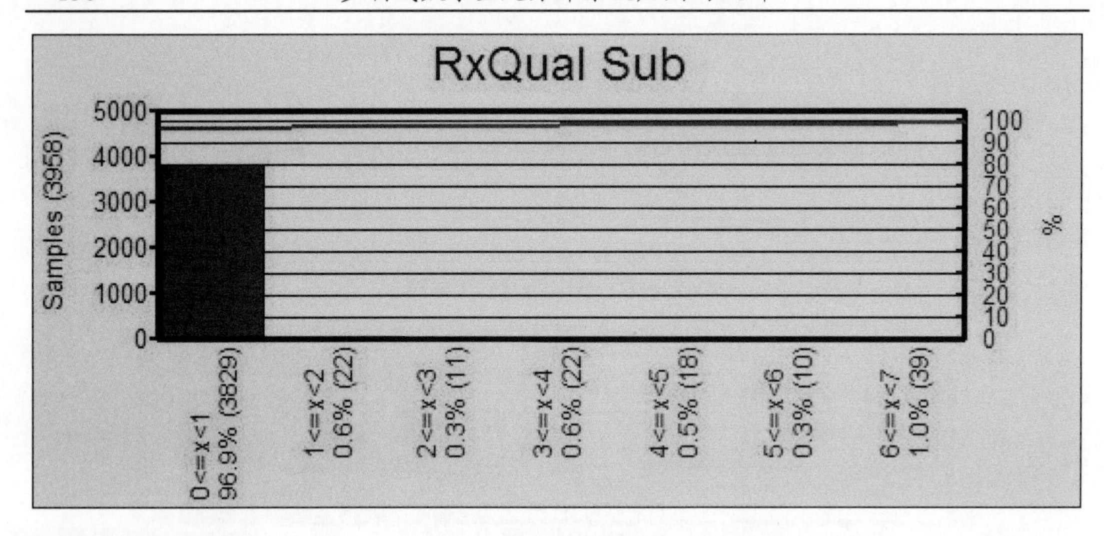

（a）RxQual Sub 统计图

Interval	PDF [#]	PDF [%]	CDF [#]	CDF [%]
0 <= x < 1	3829	96.9	3829	96.9
1 <= x < 2	22	0.6	3851	97.5
2 <= x < 3	11	0.3	3862	97.7
3 <= x < 4	22	0.6	3884	98.3
4 <= x < 5	18	0.5	3902	98.8
5 <= x < 6	10	0.3	3912	99.0
6 <= x < 7	39	1.0	3951	100.0

（b）RxQual Sub 统计表

图 10-5　RxQual Sub 统计图和统计表

TD-LTE 制式测试及分析

RSRP 分布图：该城中村小区巷子内覆盖情况较好，测得 RSRP 的平均值为 –81 dBm 左右，A、B 区由室分信号覆盖，C 区覆盖效果较好。RSRP 测试轨迹图如图 6-6 和图 6-7 所示。

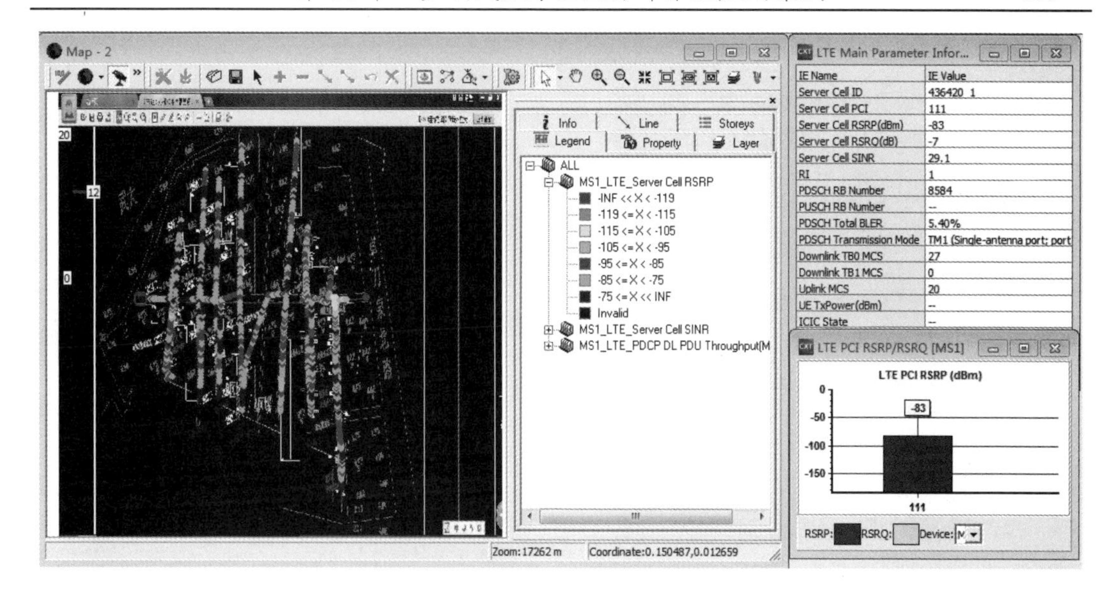

图 10-6　RSRP 测试轨迹图（A、B 区）

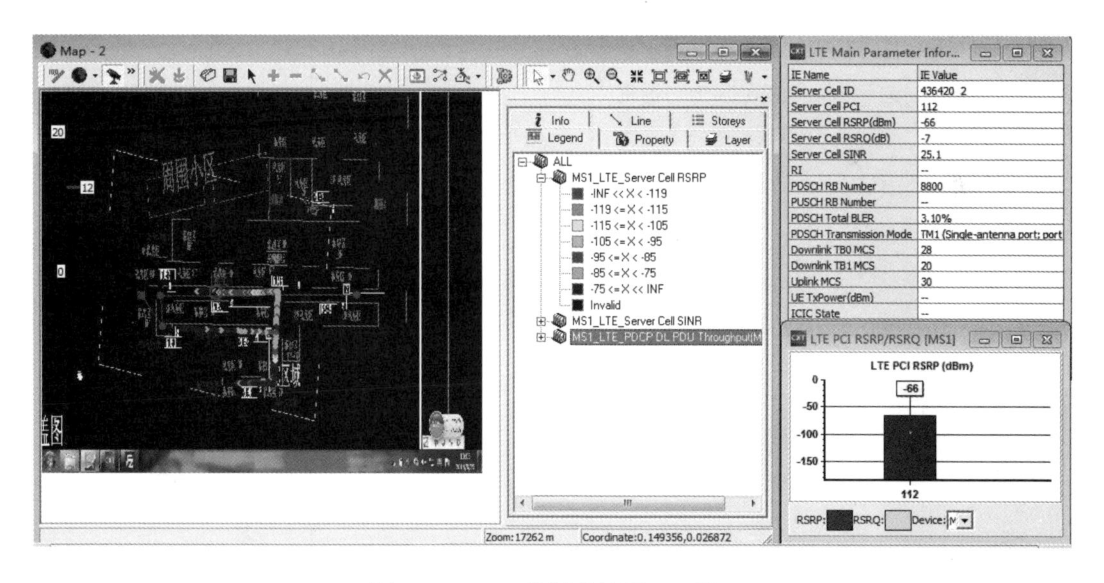

图 10-7　RSRP 测试轨迹图（C 区）

SINR 测试的平均值为 25 左右，下载速率约为 31 Mb/s，整体效果较好。其测试轨迹图如图 10-8 和图 10-9 所示。

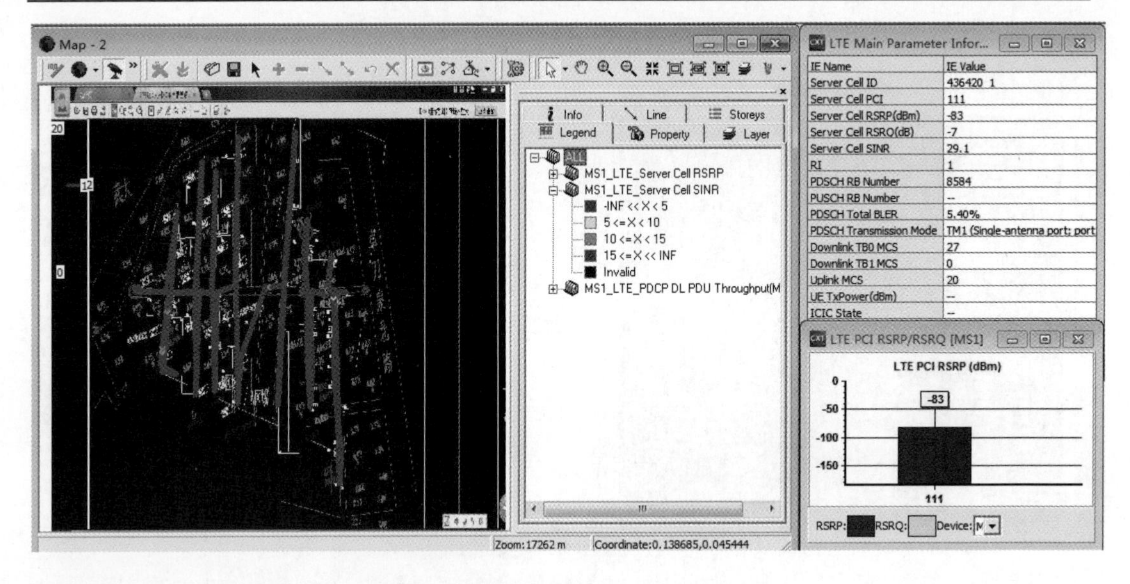

图 10-8　SINR 测试轨迹图（A、B 区）

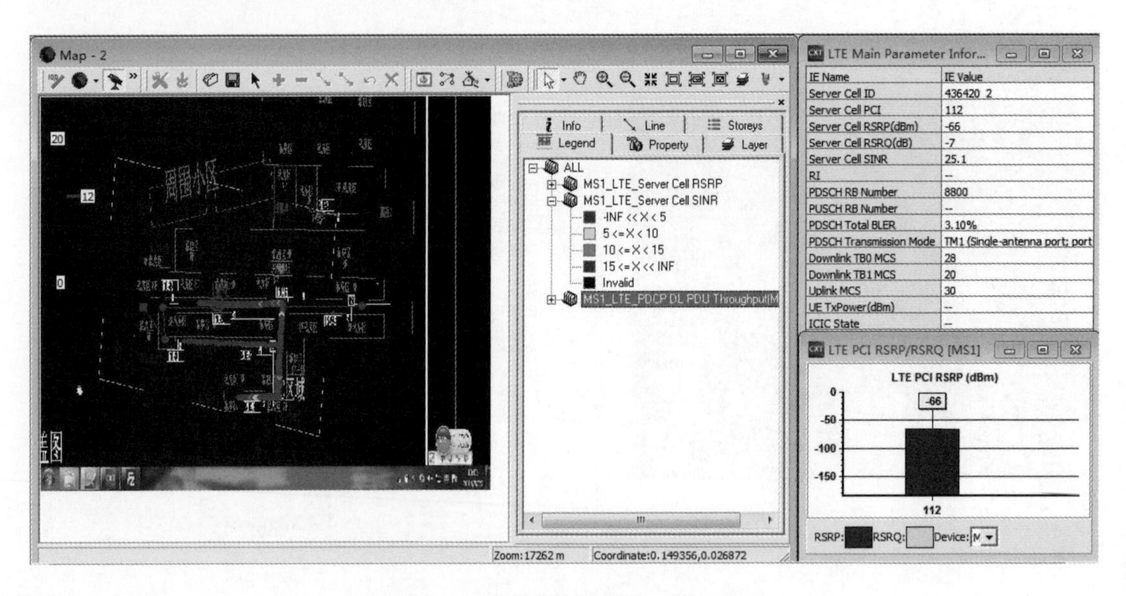

图 10-9　SINR 测试轨迹图（C 区）

覆盖小结

由于城中村缺乏规划，建筑间距狭小，业主众多，这对传统覆盖方式来说物业协调、工程建设都困难极大，并且覆盖效果不理想。

本案例工程安装 EU 单元位置合理，平衡到各个 RU 单元之间的馈电光缆距离。将 EU 单元安装在楼宇外墙上，再从 EU 单元引出馈电光缆，做引上管上墙，将所有 RU 设备安装在 2F～3F 之间的外墙上。RU 室外设备体积小，安装方便，简单而美观。

采用多制式数字全光分布系统覆盖方式提供了极大便利。由于传输线路采用的馈电光缆，它相对于 1/2 同轴电缆来说直径较细，并且柔软，布放传输线路时对业主影响较小，而且在馈电光缆不超过 180 m 的传输距离范围内，RU 位置可以灵活地布放。

10.2　住宅小区覆盖

10.2.1　场景特点

小区建筑规划统一，楼宇的间距和排列比较规则，规模大小不一，小区内绿化区域一般，楼内隔断非常多，建筑纵深比较大，宏站信号难以对室内进行较好的覆盖，室内深度覆盖不足，使用传统分布系统进行覆盖会存在协调困难的问题。

10.2.2　案例分析

场景描述

X 小区位于 X 市，总建筑面积 12.20 万 m^2，地上有 7 栋住宅楼，地下有 2 层停车场。其中，1#楼和 3#楼楼高 29 层，每栋楼 3 个单元；2A#楼和 2B#楼楼高 29 层；4#楼和 6#楼楼高 24 层，每栋楼 3 个单元；5#楼楼高 7 层，5 个单元。整个小区约 1 480 套住房。

系统组网方案

该小区使用 1 台 MU、7 台 EU、42 台 RU，采用 38 副射灯天线对住宅小区中高层进行覆盖，其设计方案如图 10-10 所示。

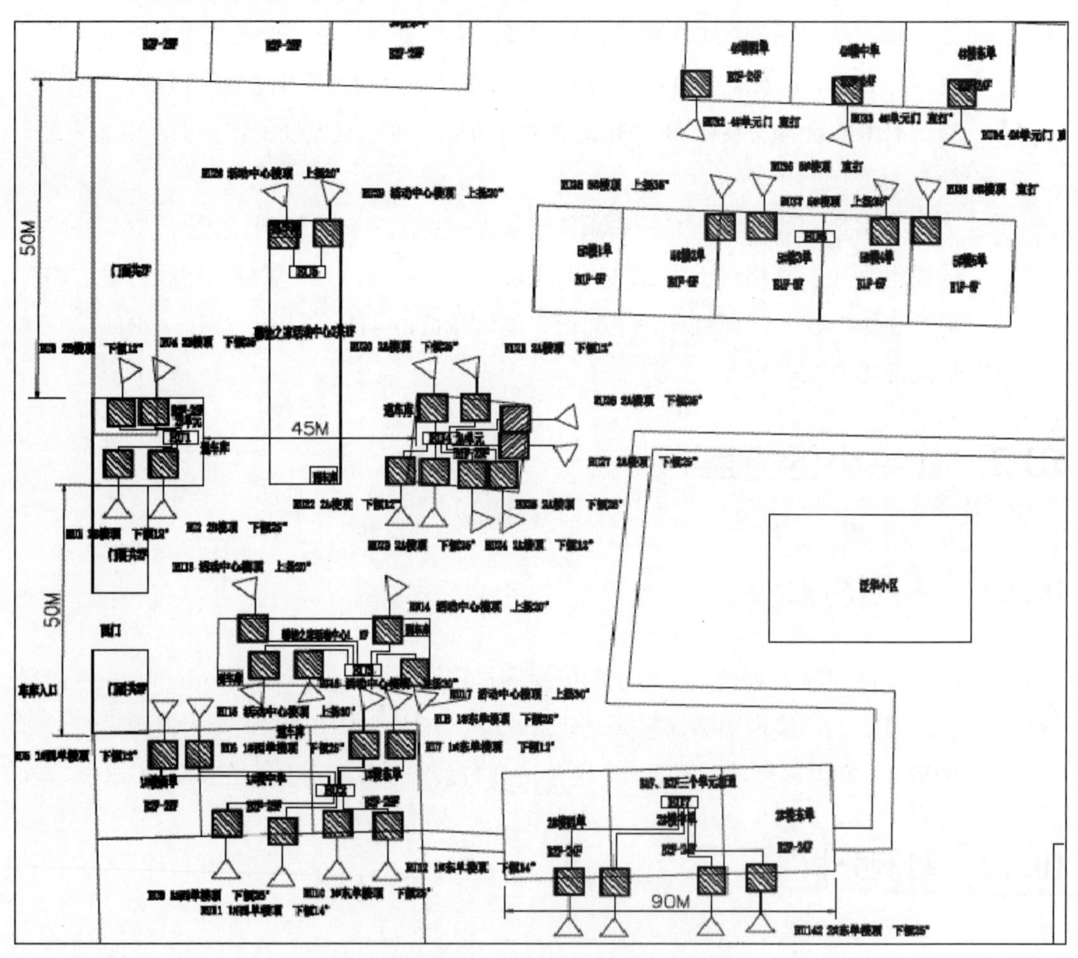

图 10-10　设备安装点位图（地面和高层覆盖）

地下车库 2 层，采用室内分布共计 40 副吸顶天线进行覆盖，其设计方案如图 10-11 所示。

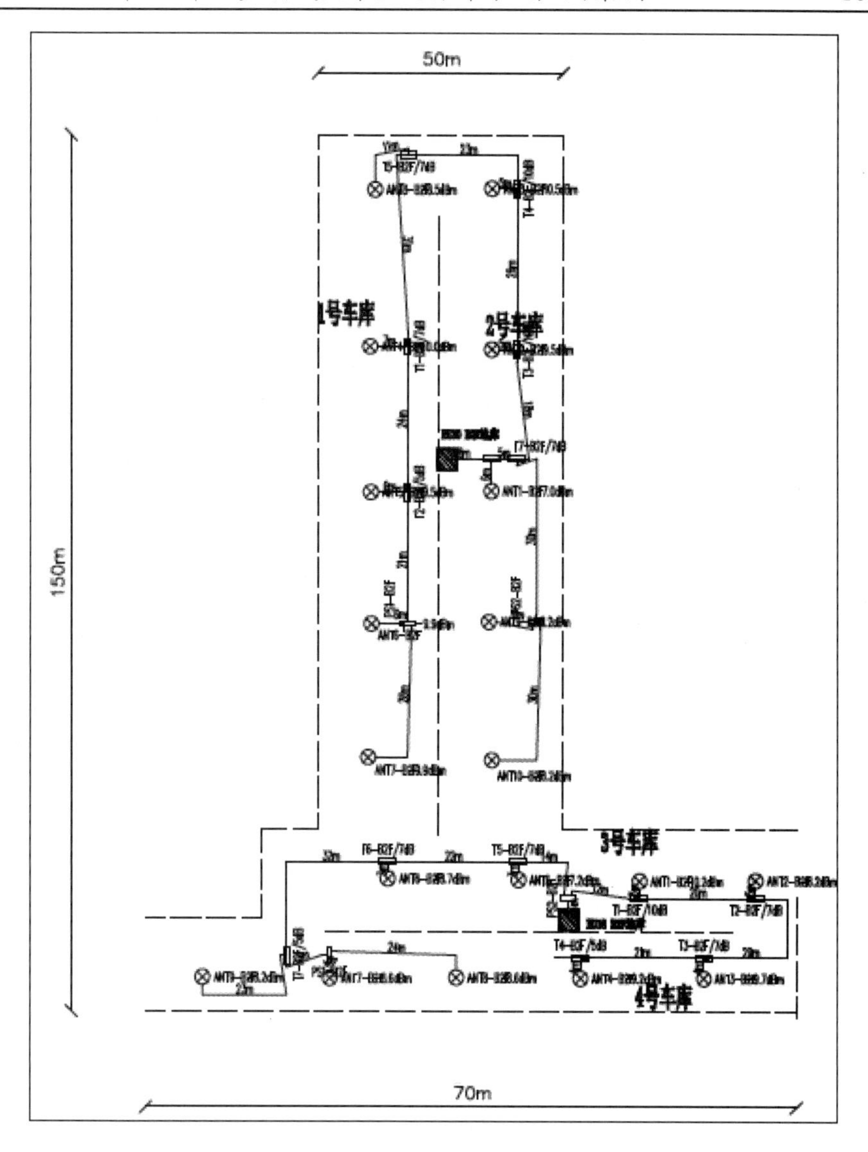

图 10-11　设备安装点位图（地下车库覆盖）

开通后现网测试效果

DCS 开通前后测试指标的统计对比如表 10-1 所示。

表 10-1　DCS 开通前后测试指标的统计对比

测试区域	开通前后	RxLever 平均值/dBm	RQ（0~3 占比）
室外	开通前	−80	97.5%
	开通后	−56	99.8%
1 号楼 21F 走道	开通前	−79	90.0%
	开通后	−60	98.6%
4 号楼 13F 室内	开通前	−73	96.2%
	开通后	−70	100.0%
3 号楼 17F 室内	开通前	−83	82.1%
	开通后	−57	99.8%
6 号楼 22F 室内	开通前	−82	99.5%
	开通后	−62	100.0%
2A 楼 19F 室内	开通前	−81	96.27%
	开通后	−55	100.0%
2B 楼 23F 室内	开通前	−82	80.4%
	开通后	−55	97.3%
地下车库	开通前	盲区	盲区
	开通后	−58	100.0%
1#楼西单外侧电梯部分	开通前	−86	78.9%
	开通后	−78	81.7%

TD-LTE 开通前后测试指标的统计对比如表 10-2 所示。

表 10-2　TD-LTE 开通前后测试指标的统计对比

测试区域	开通前后	RSRP 均值/dBm	SINR 均值/dBm
1 号楼 21F 室内	开通前	−91.5	3.1
	开通后	−80.4	15.5
1 号楼 21F 走道	开通前	−103.2	4.41
	开通后	−82.3	21.3
4 号楼 13F 室内	开通前	−99	8
	开通后	−84	24

续表

测试区域	开通前后	RSRP 均值/dBm	SINR 均值/dBm
3 号楼 17F 室内	开通前	–103	7
	开通后	–82	24
6 号楼 22F 室内	开通前	-104	2
	开通后	–81	24
2A 楼 19F 室内	开通前	–95	14
	开通后	–82	20
2B 楼 23F 室内	开通前	–101	13
	开通后	–85	25
地下车库	开通前	–115	-31
	开通后	–81	34

覆盖小结

由于住宅小区楼宇较多，若采用传统覆盖方式，则要求信源的数量较大，成本较高。楼与楼之间采用 1/2 馈线走线比较困难，并且信号衰减较大，经济效益差。目前小区住户对无线发射设备比较抵触，传统的室分建设较容易引起小区用户的注意，从而引起不必要的纠纷，对工程建设进度以及运营商的声誉容易产生不良影响。

采用多制式数字全光分布系统覆盖，因采用馈电光缆传输，光缆线径较细，弯曲半径较小，施工起来相对于传统方式较为方便，工程施工对建筑的破坏也相对较小。楼与楼之间采用光纤传输，不存在射频信号损耗问题，提高了资源效率。采用类似于宽带的建设方式，小区住户也较容易接受。

10.3　酒店写字楼覆盖

10.3.1　场景特点

酒店与写字楼一般装修豪华，施工相对困难；隔断较多，信号衰减比较大；人员相对密集，高端用户较多，且人员流动量大，室内隔断对电磁信号的阻挡较为严重，导致深度覆盖不足。传统室分在房间内覆盖不足，布线困难，施工周期长。

10.3.2　案例分析

场景描述

某酒店位于X市，项目建筑面积约为4 500 m^2，主要结构为：地下一层（B1F）为餐厅和会议室，一楼（1F）、三楼（3F）、四楼（4F）为酒店客房，二楼（2F）为酒店前台。酒店装修豪华，房间十分密集，同时隔断较多，不仅需要提供较大的语音业务，同时还需要满足巨大的数据业务需求。

系统点位图和组网方案图

本案例工程主要覆盖地下一层餐厅、会议室，以及一楼、三楼、四楼等区域，组网方式为1台近端单元MU+2台扩展单元EU+11台远端单元RU。全光分布系统组网架构如图10-12所示，各楼层设备安装点位图如图10-13～图10-15所示。

开通后现网测试效果

GSM制式开通后测试轨迹图如图10-16所示，测试数据如表10-3所示。

表10-3　GSM制式测试数据

测试区域	测试数据							
	Cell ID	BCCH	RxLev>−85 dBm	RQ 0～5级占比	语音业务	接通率	掉话率	站点前10 m泄漏电平
B1F	20844	84	1	0.9952	正常	1	0	室内信号无泄漏
1F	20844	84	1	0.9906	正常	1	0	
3F	20844	84	0.9003	0.986	正常	1	0	

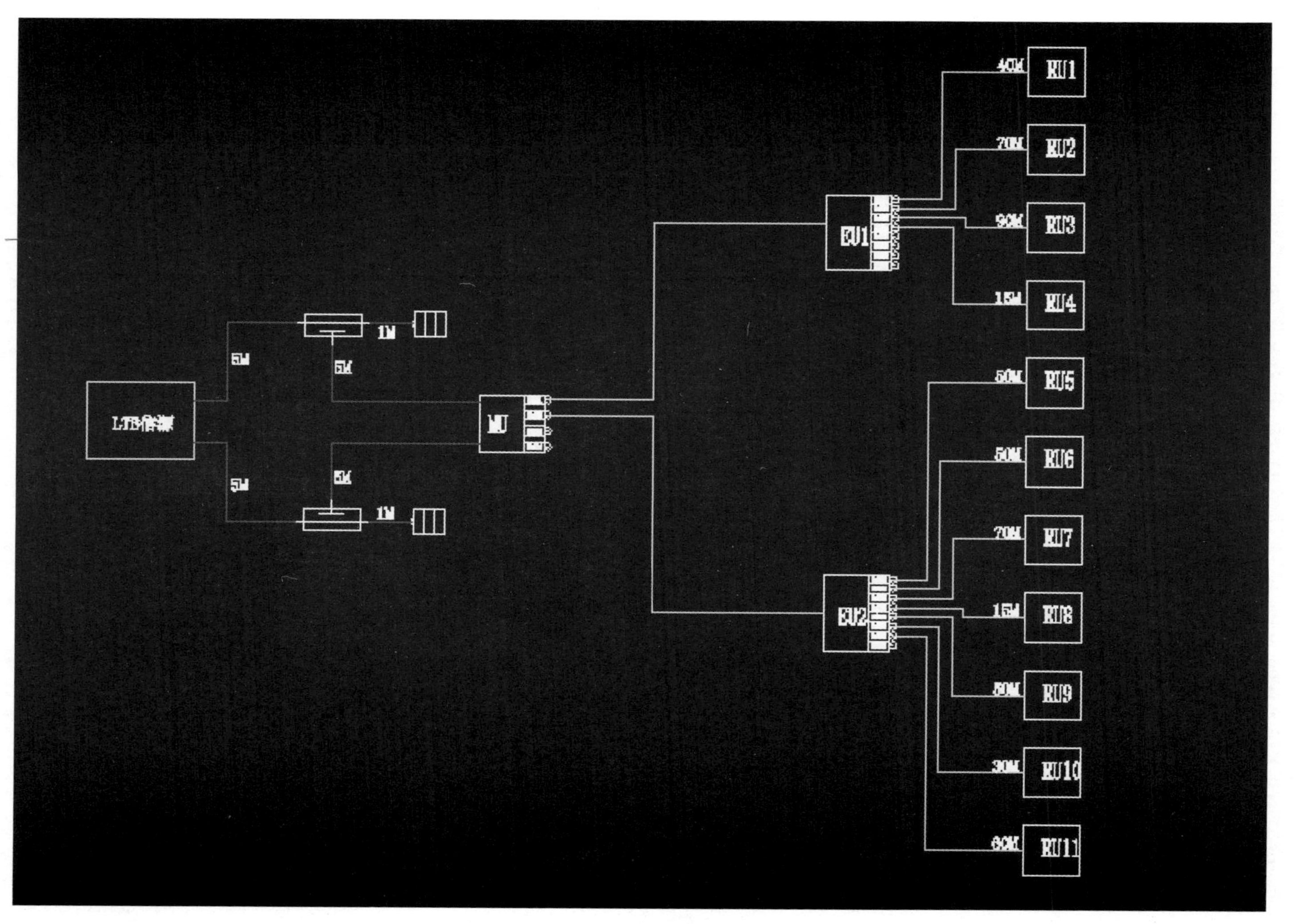

图 10-12　全光分布系统组网架构

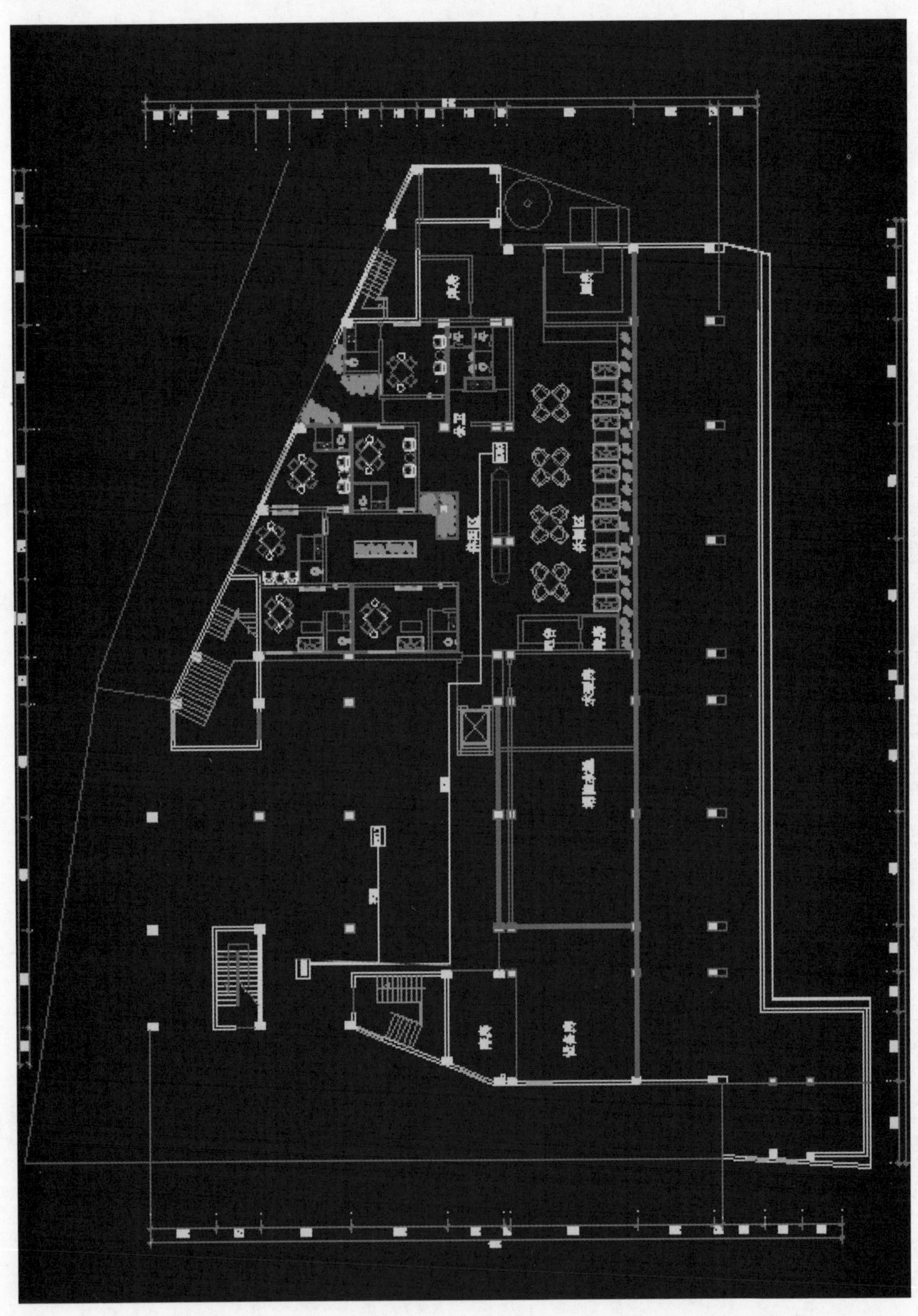

图 10-13　地下一层设备安装点位图

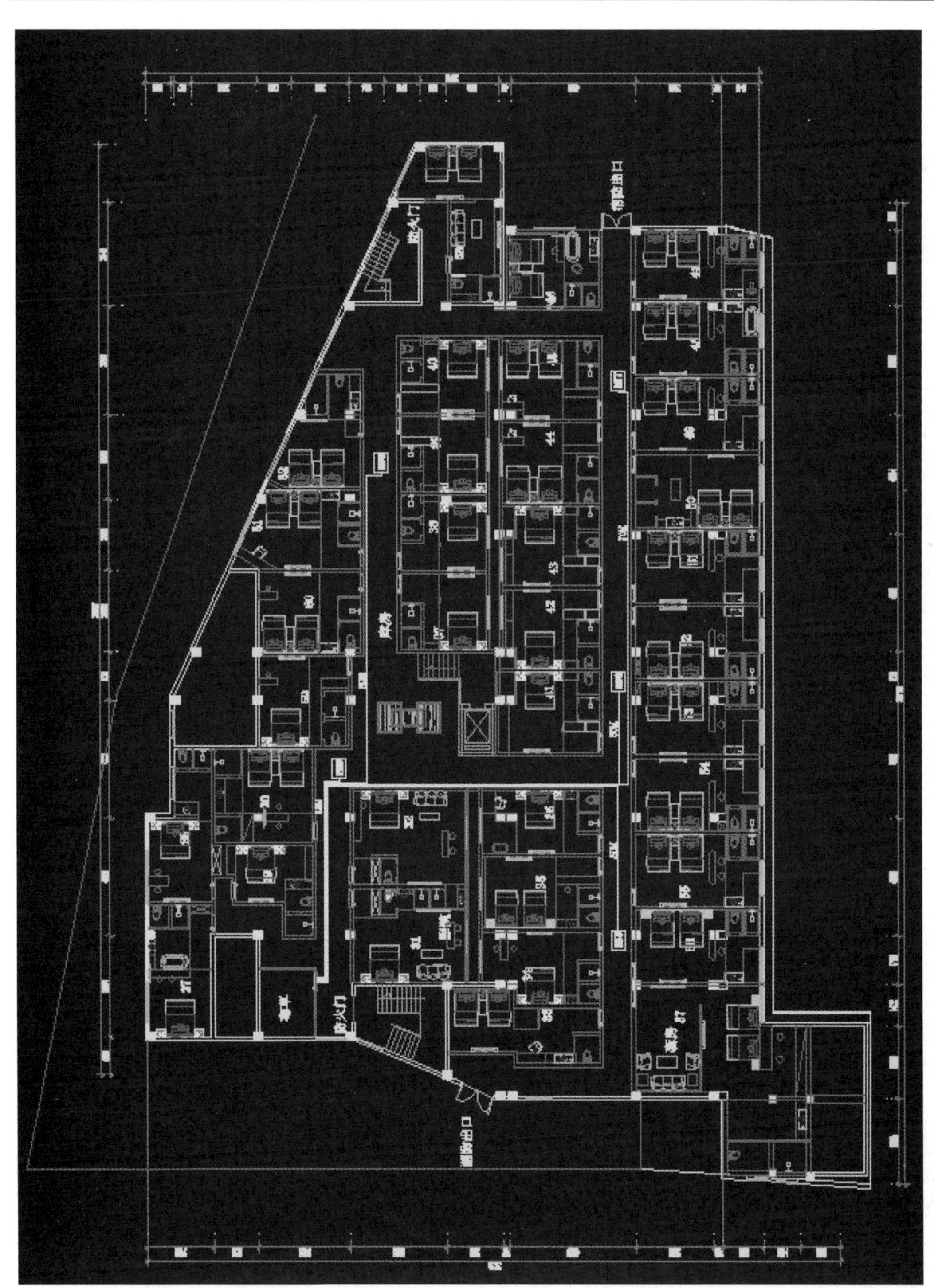

图 10-14　一楼（三楼、四楼）设备安装点位图

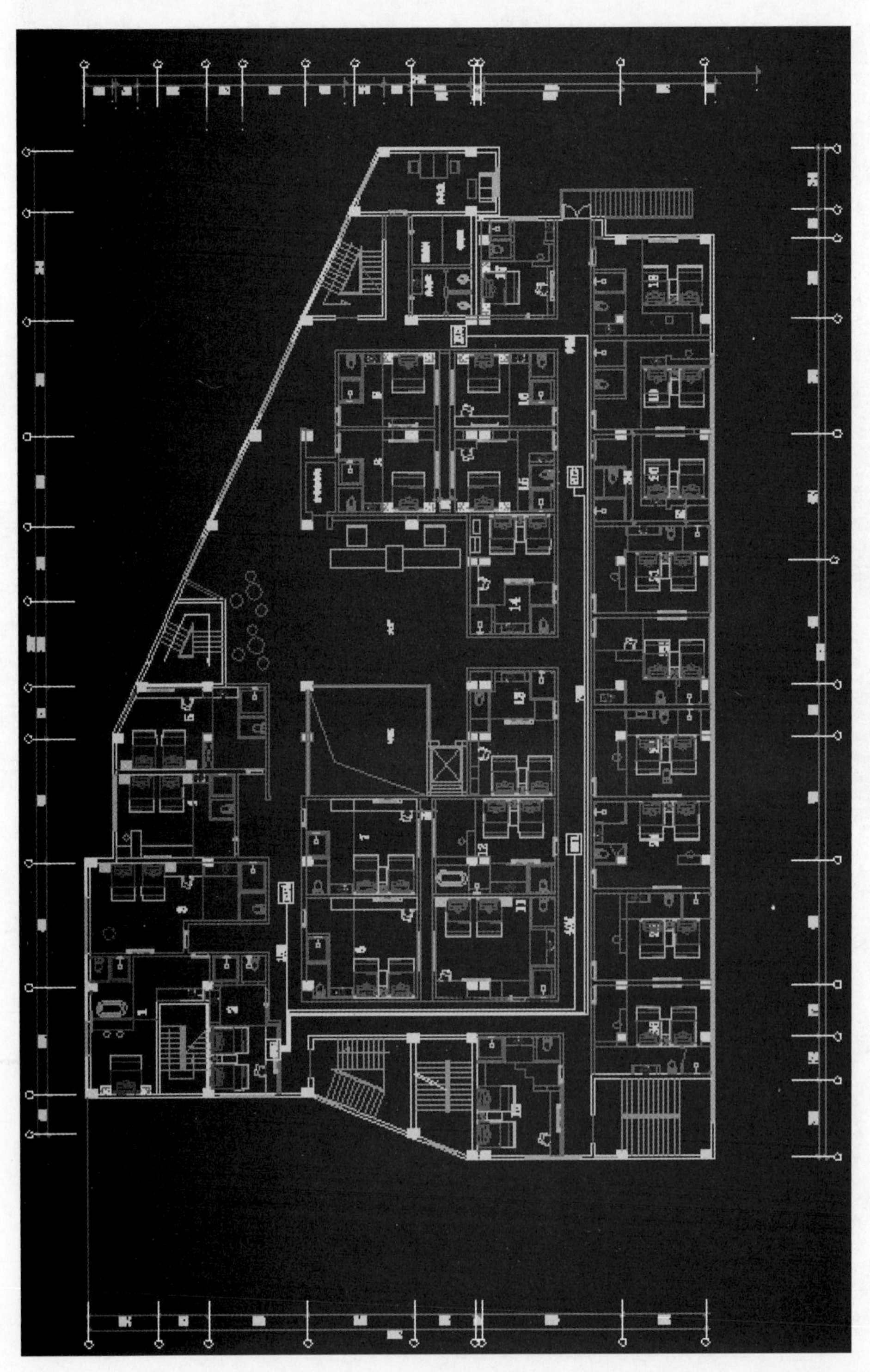

图 10-15　二楼设备安装点位图

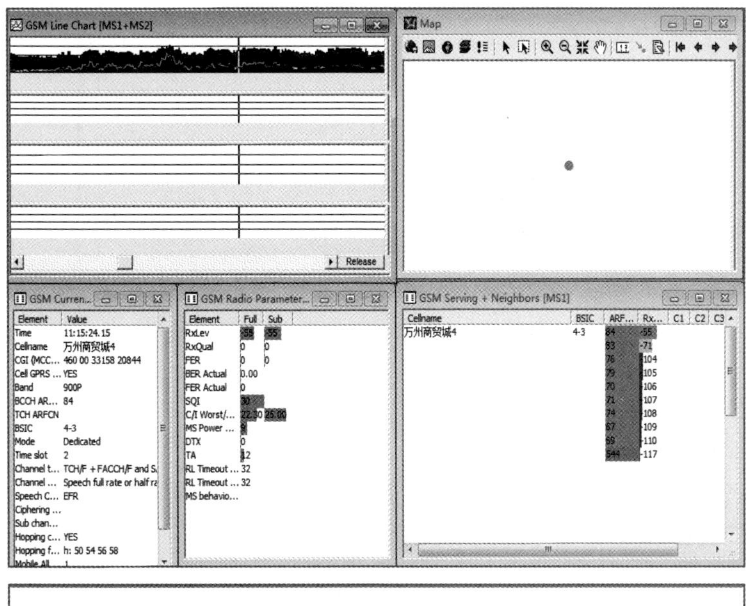

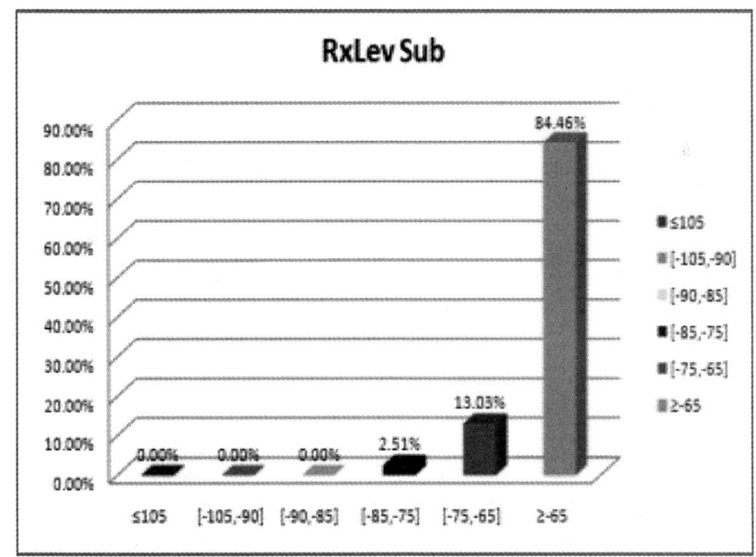

图 10-16　GSM 制式测试轨迹图

TD-LTE 制式开通后测试轨迹图如图 10-17 所示。该楼宇 TD-LTE 信号下载速率达到 51 Mb/s，上传速率达到 9 Mb/s，且语音回落及各切换成功率均达到 100%，满足 4G 信号覆盖需求。其测试数据统计如表 10-4 所示。

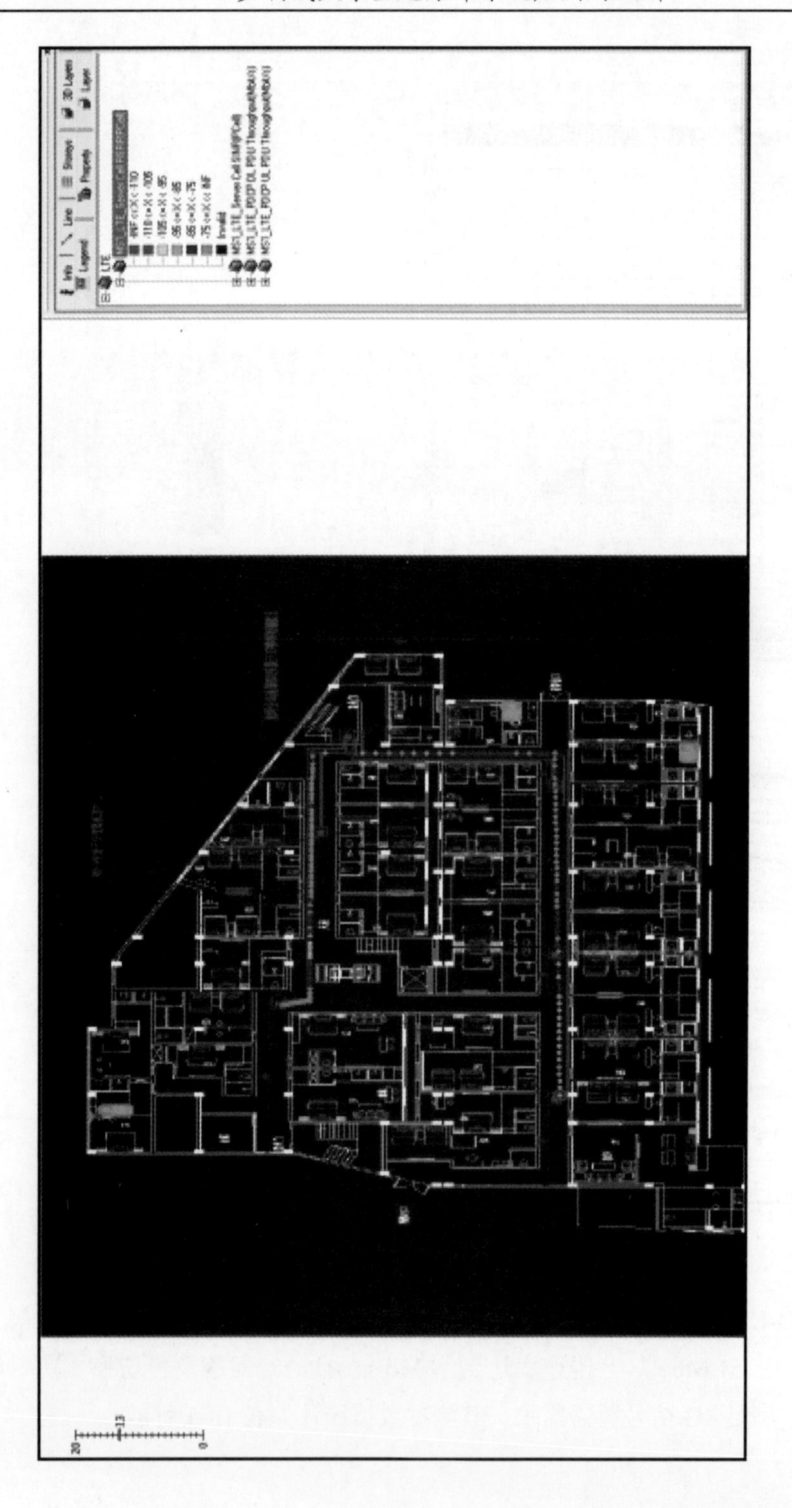

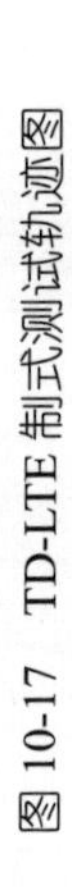

图 10-17　TD-LTE 制式测试轨迹图

表 10-4　TD-LTE 测试数据统计

测试结果					备注
业务测试情况：	尝试次数	成功次数	失败次数	成功率	验证标准
RRC Setup Success Rate	20	20	0	100.00%	拨测 20 次，成功率 100%
ERAB Setup Success Rate	20	20	0	100.00%	拨测 20 次，成功率 100%
Access Success Rate	20	20	0	100.00%	拨测 20 次，成功率 100%
CSFB 呼叫成功率	20	20	0	100.00%	拨测 20 次，成功率 100%
系统内切换（室内外切换）	10	10	0	100.00%	拨测 10 次，切换成功率 100%
系统间切换（3G→4G）	10	10	0	100.00%	拨测 10 次，切换成功率 100%

覆盖小结

由于酒店场景隔断较多，信号衰减比较大，室外宏站信号覆盖不理想。需要室内覆盖系统解决室内信号需求，但酒店装修一般较为豪华，传统的室内分布系统施工对酒店现有的装修破坏较大，业主比较反感。酒店一般为中间走道两边客房的布局，传统的室内分布系统天线一般会将天线布放在走道上方，所以客房靠窗边区域室内信号较差，存在室内外信号的频繁切换，影响通话效果。

采用多制式数字全光分布系统覆盖，因采用馈电光缆传输，光缆线径较细，弯曲半径较小，施工相对传统较为方便，对酒店现有的豪华装修破坏较小；较容易实现客房内覆盖，并且 RU 功率可以独立调节，实现精确覆盖。

10.4　大型商场综合体覆盖

10.4.1　场景特点

大型商场一般位于城市主要的商业中心，吸引着巨大的人流，是集餐饮、娱乐、购物于一体的大型商业综合体。大型商场装修豪华，施工相对困难，其内部分区域作为不同的功能区，表现为不同的装修特点：餐饮区隔断较少，相对较空旷；超市卖场区域需要注意货架对信号的遮挡。商场节假日人员非常密集，中高端用户占比较大，人员流动量大。因此，传统室分系统存在布线困难、施工周期长的问题。

10.4.2 案例分析

场景描述

本案例工程为X市商业综合体，总建筑面积为40万m^2，是X市第一座大型城市综合体。该综合体拥有大型购物中心、室外步行街、甲级写字楼等业态，涵盖了购物、休闲、餐饮、娱乐、办公等功能。

系统组网方案

系统安装点位图如图10-18所示，设备组网系统架构如图10-19所示。

覆盖小结

由于大型商场综合体占地面积大，室内纵深较长，室外宏站信号衰减严重，从而导致室内大部分区域处于信号盲区，需要室内分布系统解决室内无线业务需求；但大型商场综合体装修较为豪华，传统的室内分布系统使用较粗的1/2馈线，施工困难，对原有装修破坏较大，业主比较抵触。大型商场综合体面积较大，传统分布系统使用大功率设备一般安装于弱电间，到末端天线传输馈线较长，损耗严重；而使用多制式数字全光分布系统后，采用光缆进行传输，设备更靠近末端天线，明显减小了馈线传输所带来的射频损耗问题。

本案例工程采用3台MU、11台EU及74台RU。RU外接天馈系统，对目标区域进行覆盖，一般一台RU建议外接5~6幅天线。

采用多制式数字全光分布系统覆盖，因采用馈电光缆传输，光缆线径较细，弯曲半径较小，施工相对于传统系统较为方便，对酒店现有豪华装修破坏较小，较容易实现客房内覆盖，而且RU功率可以独立调节，实现精确覆盖。

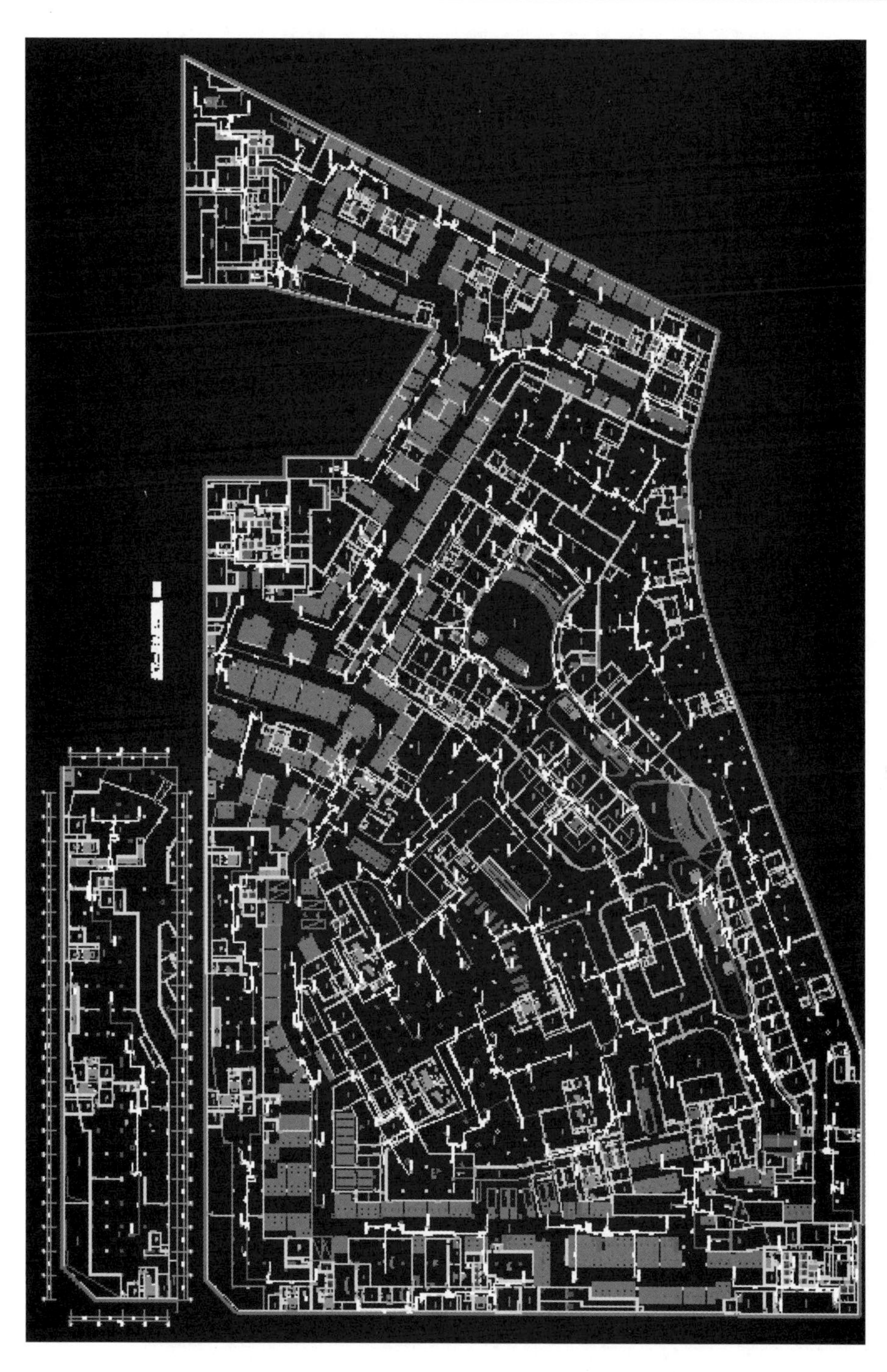

图 10-18　系统安装点位图

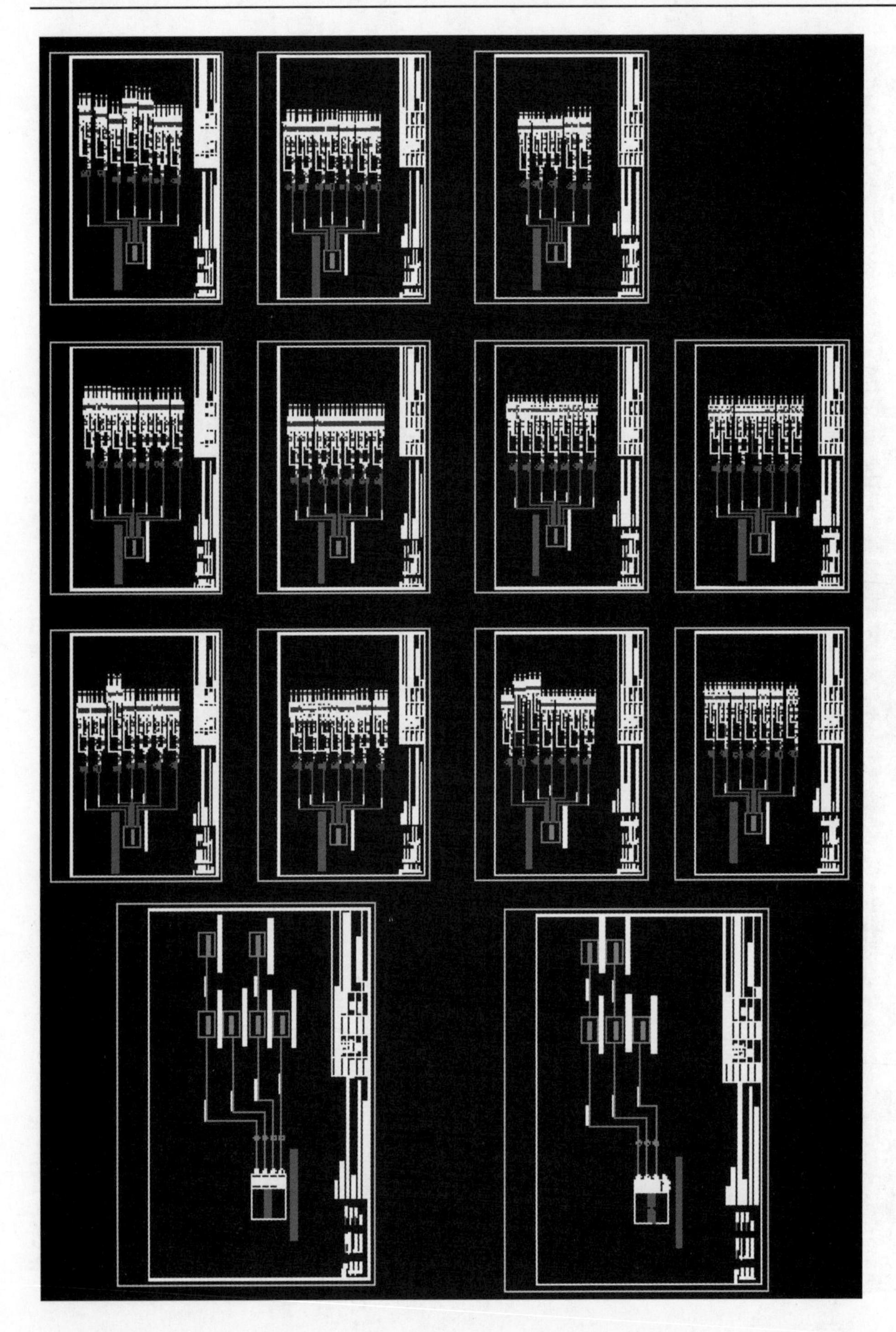

图 10-19　设备组网系统架构

第 11 章 总结与展望

回顾通信业发展历史，产品与市场总是相互促进、相互影响的。通信技术的发展及演进推动了新产品新的诞生，而新产品、新技术的诞生则是推动通信技术进步的动力。

20 世纪 70 年代以来，基于对通信便捷性的追求，移动通信飞速发展。我国移动通信业从无到有、从弱到强，无线通信产品也层出不穷，成为国民经济的基本产业和先导产业，为人们工作与生活中的信息沟通来了极大的便利。随着移动互联网和物联网的发展，业务量的急剧膨胀对无线网络带来了巨大考验，尤其是业务的及时性。因此，对各场景的全覆盖显得日益重要。

全光分布系统的引入，有效地解决了传统室内分布系统的功率利用效率低下、覆盖不均匀、底噪抬升明显以及后期维护困难等多方面的难点。

当前无线通信覆盖方式正由广度向深度转变、向精密转变，宏站覆盖方式选址困难，居民担心辐射对其反感，且无法实现深度覆盖。另外，由于各运营商站点资源的限制，信源站点投资回馈率成为当前投资方向和考虑重点。多制式数字全光分布系统的引入，很好地解决了上述问题，可有效提升信源资源投资回馈率，满足用户业务发展需求，在提升无线通信深度和广度覆盖过程中起到了重要作用。今后，随着通信技术的发展，全光分布系统会以更多的形态、更高端的技术而适应时代的发展需要。

附录A 缩 略 语

3GPP	3rd Generation Partnership Project	第三代移动通信组织
ALC	Automatic Level Control	自动电平控制
AU	Access Unit	接入单元
CAT-5e/6	Category 5e/ Category6	超五类网线
CDMA	Code Division Multiple Access	码分多址接入
CW	Continuous Wave	连续波
DCN	Data Communication Network	数据通信网
DCS	Digital Cellular System	数字蜂窝系统
EU	Extended Unit	扩展单元
EVM	Error Vector Magnitude	矢量幅度误差
GMSK	Gaussian Filtered Minimum Shift Keying	高斯滤波最小频移键控
GSM	Global System for Mobile Communication	全球移动通信系统
LTE	Long Term Evolution	长期演进（技术）
MIMO	Multiple-Input Multiple-Output	多输入多输出
MSTP	Multi-Service Transfer Platform	多业务传送平台
NF	Noise Figure	噪声系数
NMC	Network Management Center	网络管理中心
ODN	Optical Distribution Network	光配线网络
OLT	optical line terminal	光线路终端
OMC	Operate Maintenance Center	监控管理中心
ONU	Optical Network Unit	光网络单元
PCDE	Peak Code Domain Error	峰值码域误差

POE	Power over Ethernet	以太网供电
PON	Passive Optical Network	无源光网络
PTN	Packet Transport Network	分组传送网
RMS	Root Mean Square （value）	均方根
RSCP	Received Signal Code Power	接收信号码功率
RSRP	Reference Signal Receiving Power	参考信号接收功率
RU	Remote Unit	远端单元
SINR	Signal to Interference plus Noise Ratio	信号与干扰加噪声比
SNR	Signal Noise Ratio	信噪比
TDMA	Time Division Multiple Access	时分多址
TD-SCDMA	Time Division - Synchronous Code Division Multiple Access	时分同步码分多址接入
WCDMA	Wideband CDMA	宽带码分多址接入
WLAN	Wireless Local Area Network	无线局域网